AF263175

ARITHMÉTIQUE

A L'USAGE DES SŒURS

DE

LA CONGRÉGATION DE SAINT-CHARLES

D'ANGERS.

ANGERS

E. BARASSÉ, IMPRIMEUR-LIBRAIRE

Rue Saint-Laud, 83.

1876.

PRÉFACE.

Ce traité d'arithmétique a été fait pour répondre aux besoins de notre Congrégation. Parmi les enfants qui fréquentent nos écoles, les uns sont peu propres au calcul ; les autres, au contraire, sont aptes à lever les difficultés ; d'autres enfin, et c'est le plus grand nombre, se trouvent entre ces deux extrêmes. Pour chacune de ces forces, il aurait fallu un traité particulier ; nous avons suivi, néanmoins, l'ordre que l'on trouve dans tous les ouvrages élémentaires, et pour obvier à tout inconvénient, nous engageons les maîtresses à bien faire comprendre les quatre premières règles avec le système décimal, et, si les fractions qui viennent ensuite, offrent à quelques enfants trop de difficultés, elles peuvent les faire passer aux règles de trois. Ces simples éléments étant bien compris, on peut, à la rigueur, se passer du reste.

Quant aux maîtresses, elles trouveront, à la suite de cet ouvrage, les règles d'intérêts, d'escompte, d'alliage, etc., ensuite les extractions de racines carrées et cubiques, une idée des logarithmes pour les mettre à même de corriger promptement les devoirs qui demanderaient de longues opérations, afin de ménager le temps dont très-souvent elles ne peuvent disposer. Enfin, elles verront à la fin comment on peut mesurer les lignes, les surfaces et les volumes. En suivant ce plan, nous avons eu pour but de satisfaire toutes les intelligences.

EXPLICATION

DES SIGNES EMPLOYÉS DANS CETTE ARITHMÉTIQUE.

Pour l'addition, une croix droite $+$ qui signifie plus... ainsi $8 + 2$ s'énonce 8 plus 2.

Pour la soustraction, un petit trait $-$ qui signifie moins... ainsi $8 - 2$ s'énonce 8 moins deux.

Pour la multiplication, une croix oblique $\times$ qui signifie multiplié par... ainsi 8×2 s'énonce huit multiplié par deux.

Pour la division, deux points placés l'un au-dessous de l'autre : qui signifie divisé par... ainsi $8 : 2$ s'énonce huit divisé par deux.

On se sert encore d'un trait horizontal placé entre les deux termes, par exemple $8 : 2$ est la même chose que $\frac{8}{2}$.

Pour l'égalité, deux petits traits horizontaux placés l'un au-dessous de l'autre $=$ qui signifie égale.

Ainsi $6 + 2 = 8$ s'énonce six plus deux égale 8.

On indique aussi la multiplication par un point. Ainsi 2×4 est la même chose que $2 . 4$. Et pour indiquer la multiplication de deux nombres représentés par des lettres, on ne met aucun signe. Ainsi : soit 24 représenté par A, 6 représenté par B. Ces deux nombres multipliés l'un par l'autre s'écriraient ainsi : AB, qui signifie 24×6.

ARITHMÉTIQUE

Notions préliminaires.

1. *On appelle quantité tout ce qui est sus-*
ceptible d'augmentation ou de diminution,
comme un groupe d'enfants, le poids d'une
chose, sa longueur, sa valeur.

2. *L'unité est un objet seul, pris pour servir*
de terme de comparaison à toutes les grandeurs
de la même espèce. Quand je dis vingt-cinq
pommes, la pomme est l'unité.

Quand l'objet n'en a pas de semblable, il ne peut
servir d'unité.

3. *Le nombre est le résultat de la compa-*

raison d'une grandeur quelconque à l'unité à laquelle on la rapporte (1).

S'agit-il de mesurer une grandeur quelconque, soit par exemple la longueur d'une étoffe, on la compare à la mesure qui sert d'unité, soit le mètre par exemple. En le portant autant de fois que possible, il peut arriver 1° qu'il y soit contenu exactement, d'où le *nombre entier*; 2° que l'étoffe soit plus petite en longueur et par conséquent elle n'est qu'une *fraction* de mètre; et 3° que le mètre soit contenu un nombre exact de fois plus un reste, d'où le *nombre fractionnaire*. Ainsi, tant qu'il n'y a pas eu de comparaison, il n'y a pas encore de nombre, qui ne provient que du résultat obtenu.

4. *Il y a trois espèces de nombres : le nombre entier, la fraction et le nombre fractionnaire.*

5. *Un nombre est entier lorsqu'il ne contient que des unités entières.* Ainsi quarante francs.

6. *Une fraction est une quantité plus petite que l'unité.* Comme les deux tiers d'une poire.

7. *Un nombre est fractionnaire lorsqu'il contient une ou plusieurs unités entières avec une ou plusieurs parties de l'unité.* Comme trois oranges et demie.

8. *On peut considérer les nombres sous deux*

(1) Un nombre peut encore se définir par *la réunion d'unités de même espèce*, comme vingt-cinq ardoises.

points de vue : comme nombre abstrait ou comme nombre concret.

9. On nomme abstrait le nombre qui ne désigne pas l'espèce de l'unité. Comme trois, huit, vingt.

10. On nomme concret le nombre qui désigne l'espèce de l'unité à laquelle on le rapporte. Comme douze tables, quatre images.

11. L'arithmétique est la science des nombres et du calcul (1).

12. L'arithmétique comprend trois parties :

1° La composition et la décomposition des nombres, ce qui s'appelle calcul ;

2° L'étude des propriétés des nombres ;

3° Celle des problèmes, qui ne dépendent que de calculs arithmétiques.

QUESTIONNAIRE.

1. Qu'est-ce qu'on appelle quantité ?
2. Qu'est-ce que l'unité ?
3. Qu'est-ce qu'un nombre ?
4. Combien d'espèces de nombre ?

(1) Arithmétique vient du mot grec *Arithmos*, qui signifie nombre. Calcul vient du mot latin *calculus*, qui veut dire caillou. Les anciens se servaient pour compter de petits cailloux plats désignés en latin par calculus : d'où calcul.

5. Qu'est-ce qu'un nombre entier?

6. Qu'est-ce que la fraction ?

7. Qu'est-ce qu'un nombre fractionnaire?

8. Quels sont les deux points de vue sous lesquels on peut considérer les nombres ?

9. Qu'est-ce que le nombre abstrait ?

10. Qu'est-ce que le nombre concret?

11. Qu'est-ce que l'arithmétique?

12. Comment divise-t-on l'arithmétique?

NUMÉRATION.

1. *La numération a pour objet :* 1° *de former les nombres,* 2° *de les écrire,* 3° *de les lire.*

2. Il y a la numération parlée et la numération écrite.

NUMÉRATION PARLÉE.

3. La numération parlée nous apprend à nommer les nombres au moyen d'un petit nombre de mots.

Toute la numération parlée repose sur ce principe fondamental :

Toute réunion de dix unités d'un ordre quelconque vaut une unité de l'ordre immédiatement supérieur.

4. Pour former les nombres, on ajoute l'*unité* à elle-même, ce qui donne un nombre appelé

deux ; on ajoute l'unité au nombre *deux,* ce qui donne le nombre *trois.* On continue ainsi jusqu'à *neuf,* en ajoutant toujours l'unité au dernier nombre formé.

5. Les neuf premiers nombres sont : *un, deux, trois, quatre, cinq, six, sept, huit, neuf ;* ils se nomment unités simples ou unités du premier ordre.

6. *Si à neuf on ajoute l'unité, on obtient une réunion que l'on nomme dix ou dizaine, ou unité du deuxième ordre.* On compte par dizaines comme par unités, mais on fait suivre successivement le nom de chaque dizaine ou réunion de dizaines, des noms des neuf premiers nombres.

Pour former les nombres compris entre deux dizaines qui se suivent, par exemple, vingt et trente, on intercalera les neuf unités primitives et on dira : vingt-un, vingt-deux, vingt-trois, vingt-quatre, vingt-cinq, vingt-six, vingt-sept, vingt-huit, vingt-neuf, trente.

Par exception, au lieu de dire dix-un, dix-deux, dix-trois, dix-quatre, dix-cinq, dix-six, on dit onze, douze, treize, quatorze, quinze, seize.

Au lieu de dire deux dizaines, trois dizaines, etc., on dit vingt, trente, quarante, cinquante, soixante, soixante-dix, quatre-vingt, quatre-vingt-dix (1)

On arrive ainsi au nombre quatre-vingt-dix-neuf, qui, augmenté d'une unité, donne une réunion appelée *cent* ou *centaine* ou *unité du troisième ordre.*

On compte par centaines, comme par dizaines et par unités, mais on fait suivre successivement le nom de chaque centaine ou réunion de centaines, des noms des quatre-vingt-dix-neuf premiers nombres.

On arrive ainsi au nombre neuf cent quatre-vingt-dix-neuf, qui, augmenté d'une unité, donne une réunion appelée mille ou unité du quatrième ordre.

On compte par mille, dizaines de mille, centaines de mille, comme par unités, dizaines et centaines d'unités, et l'on parvient ainsi au nombre neuf cent quatre-vingt-dix-neuf mille neuf cent quatre-vingt-dix-neuf, qui, augmenté d'une unité, donne la collection appelée *million* ou *unité du septième ordre.*

On aura également les unités de millions, dizaines de millions, centaines de millions.

____

(1) Dans quelques-départements au lieu de soixante-dix, quatre-vingt, quatre-vingt-dix, on dit : Septante, octante, nonante.

Mille millions valent un *billion* ou *milliard*, etc.

On comprend que, d'après la formation des nombres, on peut aller aussi loin que l'on voudra, puisque la marche est toujours la même.

7. On appelle *classe ternaire* des unités de trois ordres, qui sont : unités, dizaines et centaines.

Il suffit de connaître les noms de chaque classe ternaire pour aller dans les nombres aussi loin qu'on le voudra.

Les unités simples, les dizaines et les centaines forment la première classe ternaire.

Les unités de mille, les dizaines de mille et les centaines de mille forment la seconde classe ternaire et ainsi de suite, comme on le voit dans ce tableau.

Unités. Dizaines. Centaines.	UNITÉS.	1re classe ternaire
Unités. Dizaines. Centaines.	MILLE.	2e classe ternaire
Unités. Dizaines. Centaines.	MILLIONS.	3e classe ternaire
Unités. Dizaines. Centaines.	BILLIONS.	4e classe ternaire
Unités. Dizaines. Centaines.	TRILLIONS.	5e classe ternaire
Unités. Dizaines. Centaines.	QUATRILLIONS.	6e classe ternaire
Unités. Dizaines. Centaines.	QUINTILLIONS.	7e classe ternaire
Unités. Dizaines. Centaines.	SEXTILLIONS.	8e classe ternaire
Unités. Dizaines. Centaines.	SEPTILLIONS.	9e classe ternaire
Unités. Dizaines. Centaines.	OCTILLIONS.	10e classe ternaire
Unités. Dizaines. Centaines.	NONILLIONS.	11e classe ternaire
Unités. Dizaines. Centaines.	DÉCILLIONS.	12e classe ternaire

En passant d'une classe ternaire à l'autre, les unités croissent de la même manière de dix en dix, et chaque classe ternaire supérieure vaut mille fois plus que la classe ternaire inférieure.

8. C'est parce que les unités croissent de *dix* en *dix*, en passant d'un rang quelconque au suivant, et décroissent de même en sens contraire, que l'on a appelé *système décimal* le système de numération employé.

9. Il est à remarquer que presque tous les peuples ont adopté le *système décimal*, probablement parce qu'ils ont commencé à compter sur *leurs doigts*, et chaque doigt ayant *trois phalanges* a donné l'idée des trois ordres qui composent chaque classe ternaire.

QUESTIONNAIRE.

1. Qu'enseigne la numération ?

2. Combien y a-t-il de numérations ?

3. Qu'est-ce que la numération parlée ? Donnez le principe qui lui sert de base ?

4. Comment se forment les nombres ?

5. Comment se nomment les neuf premiers nombres ?

6. Comment forme-t-on les nombres depuis dix jusqu'à quatre-vingt-dix-neuf ?

Combien le mille vaut-il de centaines et de dizaines ?

1.

7. Qu'appelle-t-on classe ternaire?

7. De quel ordre et de quelle classe ternaire sont les dizaines d'unités, les centaines de mille?

8. Pourquoi a-t-on donné à la numération le nom de numération décimale?

9. Qu'est-ce qui a donné l'idée de ce système?

NUMÉRATION ÉCRITE.

1. *La numération écrite a pour but de représenter tous les nombres, à l'aide de dix caractères appelés chiffres, savoir :*

0   1   2   3   4   5   6   7   8   9

zéro-un-deux-trois-quatre-cinq-six-sept-huit-neuf (1)

2. On peut représenter tous les nombres possibles avec ces seuls caractères au moyen de ce principe fondamental :

Tout chiffre placé à la gauche d'un autre a une valeur dix fois plus grande que s'il était seul.

REMARQUE. — Un zéro placé à la gauche d'un nombre ne change point la valeur de ce nombre.

3. Règle pour écrire un nombre de deux chiffres. *Pour écrire un nombre de deux chiffres,*

(1) L'usage de ces chiffres a été introduit en France, sous le règne de Hugues Capet, par le savant Gerbert, qui de berger devint pape sous le nom de Sylvestre II; il les avait empruntés aux Arabes, établis en Espagne. Les Arabes les avaient inventés au viii⁰ siècle.

il faut commencer par écrire les dizaines, puis les unités, et donner à ce nombre le nom de l'unité; s'il y a un nombre juste de dizaines, on mettra un zéro à la place des unités.

3. **Pour un nombre de trois chiffres.** *Pour écrire un nombre de trois chiffres, il faut commencer par écrire les centaines, les dizaines et les unités, et donner à ce nombre le nom de l'unité simple.*

4. **Pour un nombre quelconque.** *On écrit les uns à la suite des autres, en allant de gauche à droite, les chiffres qui doivent représenter les centaines, dizaines et unités de chaque classe ternaire, en ayant soin de remplacer par des zéros les ordres qui pourraient manquer. Lorsqu'on sera parvenu aux unités simples, le nombre énoncé sera écrit. Il faut mettre un petit trait après chacune des classes ternaires que l'on écrit.*

5. Les chiffres ont deux valeurs, l'une *absolue* et l'autre *relative* (1).

---

(1) Le zéro n'a par lui-même aucune valeur ; il tient la place des unités des divers ordres qui manquent dans un nombre.

6. *La valeur absolue d'un chiffre est celle qu'il a par lui-même,* Il n'y a donc que neuf valeurs absolues dans tous les nombres.

7. *La valeur relative est celle que lui donne le rang qu'il occupe.* Ainsi dans 888, les valeurs absolues des trois chiffres sont : huit, huit, huit, et leurs valeurs relatives sont : huit centaines, huit dizaines et huit unités.

Remarque. — Tout enfant, qui saura bien énoncer un nombre de trois chiffres et qui connaîtra bien le nom des classes ternaires, pourra facilement énoncer les plus grands nombres.

8. Règle. — *On partage d'abord le nombre proposé en tranches de trois chiffres par un point à partir de la droite, la dernière tranche à gauche peut n'avoir qu'un ou deux chiffres.*

On énonce ensuite chaque tranche, comme si elle était seule, en commençant par la gauche, ayant soin de donner à chacune le nom de la classe ternaire à laquelle elle appartient.

Application de la règle précédente. Le nombre suivant s'écrira et s'énoncera : 49-548-632, quarante-neuf millions cinq cent quarante-huit mille et six cent trente-deux.

9. Décomposer un nombre, c'est écrire chacun des ordres en particulier. Ainsi la décomposition de 8745 donne 8000

700

40

5

10. *Pour rendre un nombre entier dix, cent, mille, etc , fois plus grand, il suffit d'ajouter à sa droite un, deux, trois, etc , zéros.* Soit à rendre le nombre 24 dix, cent, mille fois plus grand, il faudra écrire 240, 2400, 24000.

Le chiffre qui représentait des unités représente des dizaines et celui qui représentait des dizaines représente des centaines; donc chaque chiffre exprime des unités d'une valeur dix, cent fois plus grande que celle qu'il exprimait auparavant.

11. *Pour rendre un nombre entier dix fois, cent fois, etc., plus petit, il faut séparer sur sa droite, par une virgule, un, deux, etc., chiffres.*

Ainsi, pour rendre le nombre 214 dix, cent fois plus petit, j'écris 21,4—2,14, nombres dix, cent fois plus petits que le premier, puisque les centaines sont devenues des dizaines, les dizaines des unités.

12. *Si l'on voulait rendre plus petit un nombre exprimé par un chiffre suivi de zéros, il suffirait d'effacer un zéro pour le rendre dix fois plus petit, et deux pour le rendre cent fois plus petit, et ainsi de suite.*

13. Remarquez qu'il y a une très-grande différence entre augmenter un nombre de *dix* et le rendre *dix fois* plus grand ; augmenter un nombre de *dix*, c'est ajouter seulement *dix unités* à ce nombre ; mais rendre un nombre *dix fois* plus grand, c'est répéter *dix fois* la valeur de ce même nombre.

Soit par exemple le nombre 15 francs : en l'augmentant de *dix unités*, ou *dix francs*, on aura 25 *francs ;* mais pour le rendre *dix fois* plus grand, d'après ce que nous avons dit, on ajoutera un zéro à sa droite et on aura 150 *francs.*

QUESTIONNAIRE.

1. Quel est le but de la numération écrite?

2. Comment peut-on avec ces seuls caractères représenter tous les nombres?

3. Quelle est la règle pour écrire les nombres de deux et de trois chiffres?

4. Comment écrire en chiffres un nombre sous la dictée?

5. Combien les chiffres ont-ils de valeurs?

6. Qu'est-ce que la valeur absolue?

7. Qu'est-ce que la valeur relative?

8. Quelle est la règle pour énoncer un nombre écrit en chiffres?

9. Qu'est-ce que décomposer un nombre?

10. Comment rendre un nombre entier 10, 100, 1000 fois plus grand, et donnez-en la démonstration?

11. Comment rendre un nombre entier 10, 100, 1000 fois plus petit, et donnez-en la démonstration?

12. Comment rendre dix, cent, etc., fois plus petit un nombre suivi de zéros?

13. Quelle différence y a-t-il entre augmenter un nombre de dix et le rendre dix fois plus grand?

EXERCICES SUR LA NUMÉRATION.

1. Enoncer chiffre à chiffre, en commençant par la gauche, les nombres suivants : 11... 14... 17... 19... 20... 22... 33 .. 35... 47... 53... 63... 75... 76... 95... 102... 110... 133... 177...206...1432...1505...24205...601145... 6780740.

2. Enoncer en unités, dizaines, centaines, mille, les nombres suivants : 425... 700... 500... 910... 102... 415... 920... 730...214...666... 999... 778... 444... 550... 1040... 7560... 9005... 7791.... 21034... 42101... 70730.

3. Enoncer en unités, dizaines, centaines, mille, dizaines de mille, centaines de mille, millions, les nombres 4205... 83417... 7023...33009...30110. .90001...84734238... 060300... 4157021... 200120407.

4. Enoncer en unités, centaines, mille, centaines de mille, millions, dizaines de millions,

billions, les nombres 7004708... 809470...
401892G0..20671204..90000401..478000149..
7788112470.

5. Poser dix, douze, seize, dix-huit, dix-neuf,
vingt-trois, vingt-cinq, trente-sept, soixante-
neuf, cinquante-cinq, soixante-quatorze, soixante-
douze, soixante-seize, soixante-dix-neuf, quatre-
vingt-sept, soixante-treize, quatre-vingt-onze,
quatre-vingt-dix, quatre-vingt quinze, quatre-
vingt-cinq, quatre-vingt-dix neuf (1).

6. Poser cent, cent trois, cent un, cent onze,
cent soixante, cent quatre-vingt-quatorze, deux
cents, deux cent huit, deux cent dix-neuf, deux
cent soixante et un, deux cent soixante-dix-huit,
trois cent neuf.

7. Poser huit cent dix ;... huit cent un ;...
cent huit ;... deux mille trois cent vingt-cinq ;...
deux mille vingt-cinq ;... sept cent dix-sept ;...
mille quatre cent douze ;... mille deux ;... quatre
mille deux cent quinze.

8. Poser dix-sept mille quatre cent dix ;...

____

(1) Il faudrait faire poser les nombres suivants les uns
sous les autres, c'est-à-dire les unités sous les unités, les
dizaines sous les dizaines, etc.

deux mille sept cent quarante-trois ;... neuf mille six cent vingt et un ;... six mille douze ;... quatorze mille sept ;... vingt-huit mille cent vingt-quatre ;... cent quatre vingt-dix-sept mille cent quatre-vingt-sept.

9. Poser cent deux mille neuf cents ;... cent mille trois cent quatre ;... trente mille cinq cent soixante ;... cinq cent quatre-vingt-un mille cinq ;... un million deux cent quarante-huit mille trois cent soixante-cinq.

10. Poser dix millions deux cent trois mille ;.. quatre millions cinq cent un mille trois cent vingt-neuf ;... quatre cent un mille deux ;... huit cent vingt-trois mille quatorze ;... six millions quarante-neuf mille quatorze.

11. Poser trois millions cent vingt-cinq mille quarante-cinq unités ;... deux cent un millions trente-sept unités ;... sept cent millions sept mille sept unités ;... quinze millions trente unités ;... cent quatre millions quarante-neuf mille sept cent huit unités.

12. Poser quatre billions deux cent deux millions dix-neuf mille cent trente et une unités ;... vingt et un billions quatre cent trois millions

cent vingt-sept mille sept cent quatre unités ;... trente-six billions ;... dix-sept billions quatre millions vingt-trois unités ;... quatre billions neuf millions dix-sept mille deux unités.

13. Mille vingt-deux ;... trois mille quatre-vingt-dix-neuf ;.. quatre mille cent cinquante-six ;... six mille trois cent neuf ;... huit mille neuf cent seize ;... un mille trois cent vingt ;.. dix-sept mille cinquante-huit ;... trente-trois mille cent cinquante-deux.

14. Soixante-quatre mille sept cent treize ;... cent cinquante-six mille trois ;.... trois cent quarante-neuf mille deux cent quatre ;.... cinq cent mille trente-huit ;... huit cent sept mille quatre-vingt-trois ;... un million quatre cent dix-sept ;... deux millions trois cent quarante mille.

15. Six millions sept cent soixante-quatre mille sept cent vingt ;... neuf millions trois cent sept ;... trois billions cinq mille dix-huit ;... cent billions un mille cinquante-six ;... treize trillions cinquante billions deux.

16. Cent quinze quatrillions un million douze ;... un quintillion un ;... trois sextillions

dix-huit ;... treize cent vingt et un ;... dix-neuf, cent un.

DÉCIMALES.

1. *Les décimales sont des parties de l'unité de dix en dix fois plus petites les unes que les autres.*

2. Pour former les décimales, il faut supposer l'unité partagée en dix parties égales qu'on appelle *dixièmes*, chaque dixième en dix parties égales qu'on appelle *centièmes*, chaque centième en dix parties égales qu'on appelle *millièmes ;* viennent ensuite les *dix millièmes*, les *cent millièmes*, les *millionièmes*, etc.

Quand on dit les *neuf dixièmes* d'une pomme, il faut entendre que la pomme est partagée en dix parties égales, et qu'on prend neuf de ces parties.

De même que le mille vaut dix centaines, la centaine dix dizaines, la dizaine dix unités ; de même l'unité vaut dix dixièmes, le dixième vaut dix centièmes, le centième vaut dix millièmes, etc. C'est toujours le même système.

Le tableau suivant pourra aider à comprendre ce qui vient d'être dit.

UNITÉ.

10. Dix.   Suivez Dixième.   0,1.
100. Cent.   id. Centième.   0,01.
1000. Mille.   id. Millième.   0,001.
10000. Dix mille.   id. Dix millième.   0,0001.
100000. Cent mille.   id. Cent millième.   0,00001.
1000000. Un million.   id. Millionième.   0,000001.
10000000. Dix millions.   id. Dix millionième.   0,0000001.
100000000. Cent millions.   id. Cent millionième.   0,00000001.

Ainsi de suite, etc.

3. On voit d'après cela que l'unité vaut 10 dixièmes, 100 centièmes, 1-000 millièmes, etc.; chaque dixième vaut 10 centièmes, 100 millièmes, etc. On voit aussi qu'un centième est un dixième de dixième, etc.

4. *Un nombre décimal est un nombre entier suivi de décimales.* Ex. 4,25.

4 est la partie entière, 25 est la partie décimale, que l'on sépare de la partie entière par une virgule.

On appelle fraction décimale tout nombre qui exprime une ou plusieurs parties décimales sans unité. Ex. : 0,57.

5. 1° *Pour lire un nombre décimal, on lit d'abord la partie entière comme à l'ordinaire ; puis on lit la partie décimale comme un nombre entier, en énonçant à la fin le nom des unités de la plus petite espèce.*

Soit le nombre 24,0058 ;

On l'énoncera 24 unités 58 dix millièmes.

2° *On peut aussi, après avoir énoncé la partie entière, lire séparément de gauche à droite chaque chiffre décimal, en lui donnant le nom du rang qu'il occupe.*

Soit le nombre 8,4564389 ;

On lira : 8 unités, 4 dixièmes, 5 centièmes, 6 millièmes, 4 dix-millièmes, 3 cent millièmes, 8 millionièmes, 9 dix-millionièmes.

3° *On peut lire les deux parties du nombre décimal, comme si elles n'en faisaient qu'une, sans faire attention à la virgule et énoncer à la fin le nom du dernier chiffre décimal.*

Exemple : 4.24

On lira 424 centièmes. En effet, une unité valant 100 centièmes, les quatre unités valent 400 centièmes, qui, joints aux 24 centièmes du nombre, donnent 424 centièmes.

6. Pour écrire un nombre décimal, on écrit d'abord la partie entière, on met la virgule à droite ; puis on écrit la partie décimale comme un nombre entier, en ayant soin de placer le dernier chiffre à droite au rang de l'espèce décimale énoncée.

7. S'il y a des parties manquantes, on les remplace par un nombre égal de zéros ; s'il n'y a pas de partie entière, on la remplace par un zéro.

Soit le nombre 0,045.

Comme il n'y a pas de partie entière , l'élève posera 0 suivi d'une virgule ; puis, se rappelant que les millièmes sont au troisième rang, et sachant que 45 s'écrit avec deux chiffres, il sera conduit à placer un zéro après la virgule.

8. Ne confondez pas ce nombre 0,300, avec 0,00003. Le premier s'exprime en prononçant de suite 300 et peu après ajoutez millièmes. Le second s'exprime 3 et, peu après, cent millièmes.

Observation importante.

Quand on dicte des décimales à l'élève, il doit se demander combien il faut de chiffres pour les écrire comme si c'était un nombre entier, et à quel rang est l'espèce décimale énoncée.

Soit la quantité 54 dix millièmes.

L'élève dira : *Pour écrire 54 il faut deux chiffres, et les dix millièmes étant au quatrième rang, il faut que je place deux zéros devant 54.* Il écrira donc 0,0054.

QUESTIONNAIRE.

1. Qu'appelle-t-on décimales ?

2. Expliquez par un exemple la formation des décimales ?

3. Combien l'unité vaut-elle de dixièmes, de centièmes, de millièmes, etc.

3. Qu'est-ce qu'un dixième de dixième, un dixième de centième, un centième de centième, un millième de millième, un dixième de centaine, un centième de centaine, etc , etc. ?

3. Combien faut-il de dixièmes, de centièmes, de millièmes, pour faire l'unité ?

4. Qu'est-ce qu'un nombre décimal ? Qu'appelle-t-on fraction décimale ?

5. Comment lit-on un nombre décimal ?

5. Combien il y a-t-il de procédés pour lire les nombres décimaux et quels sont-ils ?

6. Quelle est la règle pour écrire un nombre décimal ?

7. Comment écrit-on un nombre décimal lorsqu'il n'est pas précédé de la partie entière ou que les décimales inférieures ne sont pas précédées de leurs décimales supérieures ?

8. De combien de manières peut-on écrire trois cents millièmes ?

Comment entendre et écrire trois cents dix millièmes?

Tableau synoptique du système de numération (1).

PARTIE ENTIÈRE.				PARTIE DÉCIMALE.		
BILLIONS.	MILLIONS.	MILLE.	UNITÉS.	MILLIÈMES.	MILLIONIÈMES.	BILLIONIÈMES.
Centaines de billions. Dizaines de billions. Unités de billions.	Centaines de millions. Dizaines de millions. Unités de millions.	Centaines de mille. Dizaines de mille. Unités de mille.	Centaines d'unités. Dizaines d'unités. Unités simples.	Dixièmes. Centièmes. Millièmes.	Dix millièmes. Cent millièmes. Millionièmes.	Dix millionièmes. Cent millionièmes. Billionièmes.
943	545	009	111	999	145	113

Ce nombre s'énonce ainsi :

943 billions, 545 millions, 9 mille, 111 unités, 999 millions, 145 mille, 113 billionièmes (ou bien reprendre seulement les décimales), 999 millièmes, 145 millionièmes, 113 billionièmes. Cette manière d'énoncer les décimales serait analogue à l'énoncé de la partie entière.

(1) Synoptique veut dire vue d'ensemble.

Propriétés des décimales.

1. *Un nombre décimal ne change pas de valeur, quand on écrit un ou plusieurs zéros à sa droite.*

Car le nouveau nombre qu'on obtient exprime à la vérité 10, 100, 1000... fois plus de parties, mais ces nouvelles parties sont 10, 100, 1000... fois plus petites.

Soit 0,1. Si j'y ajoute un zéro, j'obtiens la quantité 0,10. J'ai dix fois plus de parties, mais elles sont dix fois plus petites : j'ai la même valeur, il y a donc compensation.

Si j'ajoute un nouveau zéro, j'obtiens la quantité 0,100 ; j'ai maintenant 100 fois plus de parties, mais elles sont 100 fois plus petites.

D'après le même principe, on peut donc ôter les zéros qui sont à la droite d'un nombre décimal, sans changer la valeur de ce nombre.

2. *Si on avance la virgule de 1, 2, 3... rangs vers la droite, le nombre décimal devient 10, 100, 1000... fois plus grand.*

Car alors chaque chiffre étant avancé de 1, 2 ou 3... rangs de plus vers la gauche, par rapport à la virgule, exprime des parties 10, 100, 1000... fois plus grandes.

Soit 0,53. Si j'avance la virgule de deux rangs, j'obtiens le nombre entier 53 qui est 100 fois plus grand, puisque les centièmes sont devenus des unités, et les dixièmes des dizaines.

Pour rendre le nombre 3,4 cent fois plus grand, je supprime la virgule, j'ajoute un zéro à ce nombre, et j'obtiens 340.

3. *Si on déplace la virgule de 1, 2, 3... rangs vers la gauche, le nombre décimal devient au contraire 10, 100, 1000... fois plus petit.*

Pour rendre le nombre 6 cent mille fois plus petit, je le fais précéder de cinq zéros, dont le premier tient la place des unités, et j'obtiens ainsi le nombre 0,00006 qui est cent mille fois plus petit que 6, puisque les unités sont devenues des cent millièmes.

4. *Si l'on supprime la virgule dans un nombre décimal, on le rend 10, 100, 1000... fois plus grand, selon qu'il renferme 1, 2, 3... chiffres décimaux.*

Soit le nombre 2,453. Si je supprime la virgule, j'obtiens le nombre entier 2453 qui est mille fois plus grand, puisque les unités sont devenues des mille, les millièmes des unités, etc.

QUESTIONNAIRE.

1. Peut-on ajouter ou supprimer des zéros à la droite d'un nombre décimal, sans changer la valeur de ce nombre ?

2. Quel effet produit-on sur un nombre décimal, quand on avance la virgule de 1, 2, 3 .. rangs vers la droite ?

3.   —   quand on la déplace de 1, 2, 3... rangs vers la gauche ?

4.   —   quand on la supprime dans un nombre décimal contenant 1, 2, 3... chiffres ?

Pour avoir le nombre total d'unités d'une certaine espèce dans un nombre, il suffit de s'arrêter au chiffre qui porte le nom de cette espèce d'unité. Tous les chiffres à droite n'en font point partie.

Ainsi, pour trouver les centièmes contenus dans le nombre 4,6240, j'aurai 462 centièmes.

Pour écrire un nombre d'unités d'un ordre quelconque, supérieur à l'unité primitive, il faut écrire comme s'il s'agissait d'unités simples, mais ajouter, sur la droite, autant de zéros qu'il en faut pour que l'unité, dont il s'agit, se trouve placée au rang qui lui appartient. — Ainsi, vingt-quatre dizaines s'écrivent 240 ; douze mille centaines s'écrivent 1200000.

EXERCICES.

1. Énoncer chiffre à chiffre 41,23... 27,42... 3,415... 2102,149... 1211,9555... 7715,0236... 868,1008..... 90001,00371.... 0,10101....., 260,81510.

2. Énoncer en unités, dixièmes, centièmes, millièmes, dix millièmes, 10,251... 27,89... 3,897... 7,6004... 9,7153... 0,0341... 0,0024... 47,1400... 0,0009.

3. Écrire vingt-cinq unités quatre dixièmes ;... trente-six unités neuf dixièmes ;... quinze unités ;... trois dixièmes et quatre centièmes.

4. Écrire vingt-cinq unités et trois dixièmes ;... cinquante-deux unités et trente-quatre centièmes ;... quinze unités cinq centièmes.

5. Écrire quinze unités cinq dixièmes ;...

2.

quinze unités cinquante-cinq centièmes ; dix-sept unités cinquante centièmes ;... quinze cents unités cinquante centièmes ;... quinze cent une unités cinq centièmes.

6. Poser trois unités et cinq dixièmes ;... trente unités et cinquante centièmes ;... trois cents unités et vingt-cinq centièmes ;... trois cents unités et cinq centièmes.

7. Poser vingt-cinq centièmes ;... cinquante centièmes ;... sept dixièmes ;... cinquante et un centièmes ;... une unité et cent vingt-cinq millièmes ;... une unité et cinq millièmes.

8. Poser dix millions dix mille dix unités quarante-cinq millièmes et un dix millième ;... cent onze unités douze millièmes.

9. Poser trois mille vingt-quatre mètres ;... huit millimètres et trois dix millimètres ;... dix-sept mètres quatre décimètres et trois millimètres.

10. Poser trois millions vingt-quatre mille cent quinze unités trois cent un millièmes et deux dix millièmes ;... cent unités cent soixante millièmes ;... quatre cent treize dix millièmes ;... deux cent huit centièmes.

11. Écrire huit mille trois cent neuf dixièmes ;... quarante-deux millièmes ;... sept cent cinq unités mille quatre cent seize dix millièmes ;... deux cent dix centièmes.

12. Écrire le nombre deux : le rendre dix fois, cent fois, mille fois, dix mille fois plus grand.

13. Écrire trois mille quatre cent vingt-deux : rendre ce nombre cent fois plus grand : puis rendre ce nombre total dix fois, puis mille fois plus petit.

14. Expliquer à quoi servent les zéros dans les nombres suivants : trois cents ;... trois cent quatre ;... trois mille quatorze ;... cent mille neuf cent trois ;.. deux cent dix mille trois cent dix.

15. Écrire deux mille quatre-vingt-sept ; rendre ce nombre cent fois plus grand ; puis, rendre le nombre total dix fois plus petit ; puis, rendre le premier nombre deux mille quatre-vingt-sept, cent fois plus petit.

16. Écrire un franc et vingt-cinq centimes : rendre ce nombre dix fois plus grand, cent fois plus grand, mille fois plus grand.

17. Ecrire cent francs ; rendre ce nombr
cent fois plus petit ; puis, rendre ce reste di
fois plus petit.

18. Ecrire cinq décimes : rendre ce nombr
dix fois plus petit.

19. Ecrire cinquante francs : rendre ce non
bre cent fois plus petit ; puis ensuite, rendre c
second nombre mille fois plus grand.

20. Je n'ai en main que cinq centimes ; j
souhaiterais avoir dix mille fois plus : combie
aurais-je ?

21. Ecrire vingt-cinq dixièmes, en mettant
la droite de ce nombre deux zéros : de combie
sera-t-il devenu plus petit ou plus grand ?

22. Ecrire trente-six francs ; je voudrais en
suite que ce nombre exprimât trente-six cen
times.

23. Ecrire quarante-trois : je voudrais qu
le trois exprimât des dixièmes et le quatre de
unités ?

24. Ecrire cinquante francs : je voudrais ré
duire le nombre à cinq francs en posant la vir
gule comme pour les décimales : qu'exprime
alors le zéro ?

25. Écrire cinquante francs, et les réduire à cinquante centimes : combien de fois 'e nombre sera-t-il devenu plus petit ?

26 Écrire deux et cinq : je voudrais que le deux exprimât des unités et le cinq des millièmes.

27. Écrire cent francs quinze centimes : faire ensuite de ce nombre dix mille quinze francs ; puis ensuite, mille un francs cinq décimes.

28. Écrire un et cinq : en faire cent cinq ; puis, mille cinq unités ; puis, dix mille cinq cents.

29. Écrire dix-neuf centaines ; en faire dix-neuf unités : combien de fois ce nombre sera-t-il devenu plus petit ?

30. Quelle différence y a-t-il entre douze centaines et douze cents ?

31. Rendre le nombre 632 cent mille fois plus petit ?

32. Rendre le nombre 7,24 dix mille fois plus grand.

33. Rendre le nombre 146,005 dix, cent, un million de fois plus grand.

34. Rendre le nombre 240000 dix mille fois plus petit.

35. On propose d'écrire l'un sous l'autre les nombres suivants : huit *cent millièmes*, + neuf cents *dix millièmes*, + trois cents *dixièmes*, + mille *centièmes*, + treize *dix millièmes*, + vingt *millionièmes*, + huit *centièmes*, + onze *cent millièmes*, + trois mille dix-neuf *millionièmes*.

36. Faites de même pour les nombres suivants : quatre mille *millièmes*, + deux cent *dix millièmes*, + trois mille quatre cent quinze *cent millièmes*, + dix-neuf mille *millionièmes*, + sept cents *dix millièmes*, + quatre mille huit *dix millionièmes*.

37. Ecrivez mille *dixièmes*, + quatre cents *millièmes*, + deux mille *centièmes*, + treize cents *dixièmes*, + vingt mille *millionièmes*, + dix mille douze *cent millièmes*, + mille cinq *dix millièmes*, + cent mille *millionièmes*.

38. Ecrivez vingt-huit *dixièmes*;... quatre cent vingt-deux *centièmes*;... deux mille huit cent dix-sept *millièmes*;... six cent vingt-trois *dixièmes*;... vingt-six mille neuf cent huit *centièmes ;...* huit cent quarante-sept mille cent *dix millièmes.*

39. Ecrivez sept mille cinq cent douze *centièmes ;...* dix-neuf mille soixante-quatre *millièmes ;...* quatre millions neuf cent quatorze *cent millièmes ;...* mille trois cent deux *centièmes ;...* onze cent quarante-cinq *millièmes ;...* soixante-cinq mille deux cent un *dix millièmes.*

Combien y a-t-il de dizaines d'unités et de dizaines de mille dans 54659 et dans 349590 ?

Ecrivez 48 dizaines d'unités, 58 centaines de mille, 75 centaines d'unités.

Ecrivez 4 dixièmes de dixième, 54 centièmes de centième, 65 dixièmes de centième, 24 millièmes de millième.

Ecrivez en chiffres l'un sous l'autre les nombres suivants :

Deux millions dix-huit cent cinquante-six — un quatrillion quinze cent trente-cinq — un billion douze cent dix-huit — un septillion un quatrillion dix-neuf cent quatre — dix cent — cent cent — mille mille — onze mille dix cent — onze mille onze cent onze unités — quinze mille dix cent — une dizaine — cinq dizaines

— onze dizaines — ving-cinq dizaines — vingt-cinq centaines — cinquante centaines — cent deux dizaines — quatre cent centaines — quarante millions de dizaines — cent vingt-huit dizaines de mille — cent vingt-un millions de millions — quatre cent dizaines de mille — quarante billions de centaines de dizaines de mille. Ces dernières questions sont pour mettre les élèves à même de répondre aux difficultés qu'on leur propose quelquefois.

Six personnes devaient chacune 3000 fr ; une a payé en pièces de cent francs, la seconde en pièces de dix francs, la troisième en pièces d'un franc, la quatrième en pièces d'un demi-franc, la cinquième en pièces de dix centimes, la sixième en pièces de centime : dites combien chaque personne a donné de pièces ?

Vaut (1)

Une dizaine............	—	Dixièmes.
Une centaine..........	—	Centièmes.
Un mille..............	—	Centièmes.
Une centaine de mille..	—	Dizaines.
Un dixième	—	Millièmes.
Un mille.............	—	Millièmes.
Une unité	—	Centaine.
Une centaine.........	—	Centièmes.
Une centaine.........	—	Dizaines.
Un dixième	—	Millionièmes.
Un millionième	—	Centièmes.
Une centaine.........	—	D'unités.
Une dizaine..........	—	Millièmes.
Un mille	—	Dizaines.
Vingt-un millions	—	Centaines.
Cinquante mille.......	—	D'unités.
Onze dizaines	—	Centaines.
Quarante millièmes....	—	Millionièmes.
Quinze dixièmes.......	—	Centièmes.

(1) Pour faciliter ce devoir, il sera bon d'écrire sur de petits morceaux de papier le nom des ordres intercalés entre l'unité supérieure et l'inférieure.

Chiffres romains.

I ou j, V ou v, X ou x, L ou l, C ou c, D ou d, M ou m
1   5   10   50   100   500   1000

I	1	XXIV	24
II	2	XXIX	29
III	3	XXX	30
IV	4	XXXIX	39
V	5	XL	40
VI	6	XLIX	49
VII	7	L	50
VIII	8	LX	60
IX	9	LXXX	80
X	10	XC	90
XI	11	XCIX	99
XII	12	CC	200
XIII	13	CCCC ou CD	400
XIV	14	DC	600
XV	15	CM	900
XVI	16	MC	1100
XVII	17	MD	1500
XVIII	18	MMM	3000
XIX	19	MDCCXCIX	1799
XX	20	MDCCCXXXIX	1839
XXI	21	MDCCCLII	1852

IIe PARTIE.

Des opérations de l'arithmétique.

1. *Le calcul est l'art mécanique d'effectuer toutes les opérations sur les nombres sans aucunes démonstrations.*

2. Les divers changements que l'on fait subir aux nombres pour les composer ou décomposer, s'appellent *opérations de l'arithmétique.* Il y en a quatre fondamentales, savoir : l'*addition,* la *soustraction,* la *multiplication* et la *division :* l'*addition* et la *multiplication* servent à composer les nombres; la *soustraction* et la *division* à les décomposer.

3. On les appelle *fondamentales,* parce que les autres opérations, même les plus compliquées, ne sont que la combinaison de celles-là.

4. Les quatre opérations fondamentales pourraient même, rigoureusement, être réduites à l'*addition* et à la *soustraction.*

5. Toute opération comprend quatre parties distinctes, savoir : la *définition*, la *démonstration*, la *règle* et la *vérification* ou la *preuve*.

6. *La définition est l'énonciation en termes concis des propriétés caractéristiques d'une opération et de son but.*

7. *La démonstration est l'ensemble des raisonnements à faire pour exécuter l'opération telle qu'elle a été définie.*

8. *La règle et la marche à suivre.*

9. *La vérification ou la preuve est une opération différente de la première que l'on fait pour s'assurer de son exactitude.*

10. *Un problème est une question à résoudre.*

11 *La solution d'un problème est la quantité qui satisfait à toutes les conditions du problème.*

QUESTIONNAIRE.

1. Qu'est-ce que le calcul ?
2. Qu'appelle-t-on opérations de l'arithmétique ?
2. Combien d'opérations fondamentales ?
2. A quoi servent la multiplication et l'addition ?

2. A quoi servent la soustraction et la division ?

3. Pourquoi les quatre opérations s'appellent-elles fondamentales?

4. Quelles sont celles dont on pourrait se passer à la rigueur?

5. Quelles sont les quatre parties qu'il faut considérer dans toute opération ?

6. Qu'est-ce que la définition d'une opération ?

7. Qu'est-ce que la démonstration ?

8. Qu'est-ce que la règle ?

9. Qu'est-ce que la preuve ou vérification ?

10. Qu'est-ce qu'un problème ?

11. Qu'appelle-t-on solution ?

ADDITION.

DÉFINITION. — 1. *L'addition est une opération qui a pour but de réunir plusieurs nombres de même espèce pour n'en former qu'un seul appelé somme ou total.*

Les nombres sont de même espèce lorsque les unités sont de même nom.

On peut cependant additionner des unités d'une espèce différente quand on peut les considérer sous un seul point de vue, par exemple si l'on demandait le nombre total formé par 3 pommiers, 2 cerisiers, 4 pruniers, 2 pêchers et un *abricotier*. Cette réunion donne le nombre total de 12 *arbres fruitiers*.

2. DÉMONSTRATION. — Il est évident que pour avoir la somme de plusieurs nombres, il suffit d'ajouter successivement les unités, les dizaines, les centaines, etc., contenues dans ces nombres.

3. *Si les nombres à additionner ne sont que d'un seul chiffre, l'addition se fait facilement en les écrivant tous sur une même ligne, en séparant chacun des chiffres par le signe de l'addition.*

EXEMPLE. — Un enfant a reçu une première fois 5 noisettes, une seconde fois 4 et une troisième 9 ; combien en a-t-il reçu en tout ?

$$5 + 4 + 9 = 18 \text{ noisettes.}$$

Table de l'addition.

1 + 1 = 2	4 + 1 = 5	7 + 1 = 8
1 + 2 = 3	4 + 2 = 6	7 + 2 = 9
1 + 3 = 4	4 + 3 = 7	7 + 3 = 10
1 + 4 = 5	4 + 4 = 8	7 + 4 = 11
1 + 5 = 6	4 + 5 = 9	7 + 5 = 12
1 + 6 = 7	4 + 6 = 10	7 + 6 = 13
1 + 7 = 8	4 + 7 = 11	7 + 7 = 14
1 + 8 = 9	4 + 8 = 12	7 + 8 = 15
1 + 9 = 10	4 + 9 = 13	7 + 9 = 16
2 + 1 = 3	5 + 1 = 6	8 + 1 = 9
2 + 2 = 4	5 + 2 = 7	8 + 2 = 10
2 + 3 = 5	5 + 3 = 8	8 + 3 = 11
2 + 4 = 6	5 + 4 = 9	8 + 4 = 12
2 + 5 = 7	5 + 5 = 10	8 + 5 = 13
2 + 6 = 8	5 + 6 = 11	8 + 6 = 14
2 + 7 = 9	5 + 7 = 12	8 + 7 = 15
2 + 8 = 10	5 + 8 = 13	8 + 8 = 16
2 + 9 = 11	5 + 9 = 14	8 + 9 = 17
3 + 1 = 4	6 + 1 = 7	9 + 1 = 10
3 + 2 = 5	6 + 2 = 8	9 + 2 = 11
3 + 3 = 6	6 + 3 = 9	9 + 3 = 12
3 + 4 = 7	6 + 4 = 10	9 + 4 = 13
3 + 5 = 8	6 + 5 = 11	9 + 5 = 14
3 + 6 = 9	6 + 6 = 12	9 + 6 = 15
3 + 7 = 10	6 + 7 = 13	9 + 7 = 16
3 + 8 = 11	6 + 8 = 14	9 + 8 = 17
3 + 9 = 12	6 + 9 = 15	9 + 9 = 18

RÈGLE GÉNÉRALE.—4. *Pour faire une addition, on écrit les nombres proposés les uns sous les autres, de manière que les unités soient sous les unités, les dizaines sous les dizaines, les centaines sous les centaines, etc. Puis ayant souligné le tout, on additionne les chiffres de la première colonne à droite. Si leur somme ne dépasse pas 9, on l'écrit au-dessous; mais si elle dépasse 9, on n'écrit que les unités, et l'on retient les dizaines que l'on joint au total de la colonne suivante.*

On opère de la même manière sur toutes les colonnes; mais, à la dernière, on écrit la somme telle qu'on l'a trouvée.

Si, dans l'addition d'une colonne, il se trouve un nombre exact de dizaines, on écrit zéro au-dessous et l'on retient les dizaines.

EXEMPLE. — *Une personne me doit les trois sommes suivantes : 487 fr., 392 fr., 371 fr. : combien me doit-elle en tout ?*

On voit qu'il s'agit ici de former un nombre qui contienne toutes les unités des trois nombres proposés : donc, il faut faire une addition,

Je dispose les nombres comme il a été dit, puis je raisonne ainsi :

1re *colonne.* 7 et 2 font 9 et 1 font 10. En 10 je pose *zéro* et je retiens 1, parce que en 10 unités il y a juste une dizaine que je joins aux autres dizaines.

Opération.

487

302

371

———

1250

2e *colonne.* 1 de retenu et 8 font 9, et 9 font 18, et 7 font 25. En 25 je pose 5 et je retiens 2, parce que dans 25 dizaines il y a 2 centaines et 5 dizaines ; or, ayant écrit les 5 dizaines sous la colonne des dizaines, je joins les deux centaines aux autres centaines.

3e *colonne.* 2 de retenu et 4 font 6, et 3 font 9, et 3 font 12. En 12 je pose 2 et j'avance 1, parce que en 12 centaines il y a 1 mille et 2 centaines ; or, ayant écrit les 2 centaines sous la colonne des centaines, j'écris également 1 mille au rang des mille.

3.

5. La règle est fondée sur le principe de la numération *que dix unités d'un rang quelconque forme une unité d'un rang immédiatement supérieur.*

REMARQUE. — Il est indifférent de commencer l'addition par la droite ou par la gauche , quand on est sûr qu'il n'y a pas de retenues.

6. *L'addition* n'a pas de preuve, puisque l'on ne peut se servir que de l'addition pour la prouver.

Le moyen le plus simple est de recommencer l'opération, en allant de bas en haut au lieu d'aller de haut en bas; mais en opérant ainsi on peut faire deux fois la même faute.

ADDITION DES DÉCIMALES.

7. *L'addition des décimales se fait exactement par le même procédé que celle des nombres entiers, en ayant soin de laisser la virgule dans la même colonne.*

Si les décimales sont de différents noms, il est inutile de mettre des zéros, puisqu'ils n'en changent point la valeur.

Soit proposé d'additionner les nombres sui-

vants : 0,26, 0,3, 24, 73, 7,015, 607,14, l'opération se dispose ainsi :

$$
\begin{array}{r}
0,26. \\
0,3.. \\
24,73 \\
7,015 \\
607,14. \\
\hline
630,445
\end{array}
$$

On peut faire l'addition de tous ces nombres quoi-
qu'ils ne soient pas de même espèce, parce qu'on peut
les considérer comme exprimant des unités de même
nom.

Il sera bon de mettre des points pour mieux
ranger les chiffres par colonnes verticales.

ADDITION DES NOMBRES COMPLEXES.

8. *On appelle nombre complexe un nombre
qui se décompose en parties dont la loi de division est arbitraire.*

9. RÈGLE. — *Pour effectuer ces sortes d'ad-
ditions, on commence par ajouter toutes les
parties de la plus petite espèce ; on en retranche
autant de fois la valeur de l'espèce immédiatement supérieure, exprimée en unités de cette*

dernière espèce, et l'on pose seulement l'excédant sous la dernière colonne.

On reporte sur la suivante à gauche le nombre d'unités de son espèce contenues dans la dernière, et l'on opère sur cette seconde colonne, ainsi que sur toutes les autres, d'une manière analogue.

Un homme a 76 ans 9 mois 25 jours 16 heures 54 minutes; sa femme 81 ans 10 mois 24 jours 12 heures 55 minutes : on demande quel âge ils font ensemble ?

ans	mois	jours	heures	minutes.
76	9	25	16	54
81	18	24	12	55
161	8	20	5	49

Je commence cette addition par les minutes, en disant : 4 et 5 font neuf, que je pose sous les unités de minutes; puis passant aux dizaines, je dis : 5 et 5 font 10; en dix dizaines de minutes il y a 1 heure, et il reste 4 dizaines que je pose; 1 heure de retenue et 6 font 7, et 2 font 9, et 10 font 19, et 10 font 29; en 29 heures il y a un jour, et il reste 5, que je pose;

1 jour de retenu et 5 font 6, et 4 font 10; je pose
0 et passe aux dizaines, 1 de retenu et 2 font 3,
et 2 font 5· en 2 dizaines de jours il y a 1 mois,
et il reste 2, que je pose; 1 mois de retenu et
9 font 10, et 10 font 20; en 20 mois il y a 1 an,
et il reste 8 mois, que je pose; 1 de retenu et
6 font 7, et 4 font 11; je pose l'an et retiens la
dizaine; une dizaine de retenue et 7 font 8, et
8 font 16, que je pose (1).

QUESTIONNAIRE

1. Qu'est-ce que l'addition ?

2. Donnez la démonstration ?

3. Comment fait-on l'addition si les nombres sont
d'un seul chiffre ?

4. Quelle est la règle générale pour faire l'addition?

5. Sur quel principe est-elle fondée ?

6. Comment fait-on la preuve de l'addition ?

7. Comment se fait l'addition des décimales ?

8. Qu'appelle-t-on nombres complexes ?

9. Quelle est la règle pour faire l'addition des
nombres complexes ?

(1) L'année civile se divise en 365 jours; — Le jour, en
24 heures; — L'heure, en 60 minutes; — La minute,
en 60 secondes; — La seconde, en 60 tierces.

Quelquefois, et surtout dans les opérations commerciales,
on considère l'année composée de 12 mois et le mois de
30 jours.

EXERCICES SUR L'ADDITION.

$$6 + 2 + 8 + 6 + 7 + 678 + 997 =$$
$$4703 + 801481 =$$
$$559964 + 1090914 =$$
$$8879 + 498789 + 78978 =$$
$$19 + 1000 + 1111111 + 10011901 =$$
$$101 + 10 =$$
$$101 + 100 =$$
$$0,0001 + 101 + 10 =$$
$$0,300 + 7101 + 100 =$$
$$9 + 2 + 80 + 0,00003 =$$
$$999999 + 10 + 845 =$$
$$111111 + 0,000001 =$$
$$888 + 6542 + 111 + 0,1 =$$
$$99 + 75679 + 398,899 =$$

Problèmes.

1. Un berger a trois troupeaux : dans le 1er, il y a cent quatre moutons; dans le 2e, il y en a deux mille quatre; et dans le 3e, quatre cent onze : combien y a-t-il de moutons en tous?

2. Un jardinier a semé : le 1er jour, deux mille vingt-cinq choux; le 2e, neuf cent trois;

le 3e, quatre mille cinquante; le 4e, dix-neuf cents : combien aura-t-il de choux en tout ?

3. Un homme a vécu sept mille trois cent vingt-quatre jours ; un autre, cinq mille soixante-trois jours ; un troisième, vingt-cinq mille quatre cent cinquante : quelle sera la somme de ces jours réunis ?

4. Un sac contient 10 mille neuf cent soixante-quatre grains de blé ; un 2e, 7 mille six cent quatre-vingt-neuf ; un 3e, 9 mille quatre-vingt-sept ; un 4e, 6 mille soixante-six : combien en tout y aura-t-il de grains de blé ?

5. Un fabricant a commandé 997 mille cinq cents aiguilles ; il en avait déjà 39 mille six cent quarante-neuf ; un autre marchand lui en a apporté 87 mille trois cent quatre : combien en aura-t-il en tout dans sa fabrique ?

6. Un cloutier a fait faire, dans une année, 369 mille six cent cinquante-sept clous ; un autre en a fait faire 428 mille neuf cent dix-neuf ; un troisième, 58 mille sept cent soixante-dix-neuf ; un quatrième, 108 mille huit cent quatre vingt-huit : on demande combien cela fait de clous en tout ?

7. J'ai acheté une métairie 19 mille quatre-vingt-sept francs; je voudrais gagner, en la revendant, quinze cent trente-sept francs : combien faudra-t-il la revendre ?

8. Un auteur dit que la consommation annuelle à Paris est de 75 mille bœufs; 15 mille quatre cent cinquante vaches; 103 mille quatre-vingt-sept veaux ; 229 mille quarante-huit moutons; 553 mille trois cent soixante-quinze porcs : combien cela fait-il en tout de têtes de bétail ?

9. On dit que la population de Paris est de 909 mille 126 habitants; celle de Bordeaux de 98 mille sept cent cinq; celle de Lyon de 140 mille deux cents; celle de Nantes de 77 mille 139 : on demande quelle est la somme des habitants de ces quatre villes ?

10. Cinq banquiers ont fait société : le 1er a mis un million 67 mille quatre cents francs; le 2e, 629 mille 57 francs; le 3e, 300 mille 69 fr. ; le 4e, 938 mille 40 francs; le 5e, deux cent mille 340 francs : on demande quelle est la somme des mises ?

11. Un fermier a fait semer dix mille quatre-

vingt-neuf glands; vingt-sept mille deux cent quarante châtaignes, et 63 mille dix-sept pepins de pommiers et de poiriers : on demande combien en tout il devra avoir de pieds d'arbres ?

12. Un entrepreneur a quatre carrières : il a fait tirer dans la première 502 mille cinquante ardoises; dans la seconde, trois cent mille quatre-vingt-dix ; dans la troisième, 220 mille deux cents; et dans la quatrième, 600 mille quatre-vingt-dix-sept : on demande combien il y a d'ardoises en tout ?

13. Un fermier a vendu trois mille quatre-vingts pommes de reinettes; dix mille deux cent sept pommes dites de martrange, et trente mille quarante-huit de diverses espèces : combien y avait-il de pommes en tout ?

14. Une servante a acheté pour vingt-sept francs quarante-sept centimes de viande ; pour douze francs trente-cinq centimes de poisson, et pour quinze francs vingt-cinq centimes de pain : on demande à quelle somme monte sa dépense ?

15. Additionnez les quatre nombres sui-

vants : cent vingt-sept unités et trois cent quarante-cinq millièmes ; deux cent dix unités et trente-cinq millièmes ; neuf mille vingt-cinq unités et six centièmes; enfin dix unités et neuf millièmes; quelle sera la somme totale ?

16. Un receveur général a reçu : le lundi, vingt mille francs quarante centimes ; le mardi, quatre-vingt mille francs quinze centimes ; le mercredi, soixante-dix-huit mille francs neuf centimes; le jeudi, onze mille francs douze centimes; le vendredi, cent quinze francs quinze centimes ; le samedi, cent cinquante mille francs cinquante centimes : on demande quelle a été la recette de la semaine ?

17. Un pauvre a reçu cinq centimes, plus un franc dix centimes, plus sept centimes, et enfin deux francs soixante-quinze centimes : combien a-t-il reçu en tout ?

18. Combien y a-t-il de mètres dans quatre pièces de calicot dont les longueurs suivent : 1° 75 m.; 2° 99 m.; 3° 129 m.; 4° 638 m. ?

19. Un tapissier a employé les longueurs de bordures suivantes : 1° 49 m. 45 c.; 2° 28 m. 70 c.; 3° 47 m. 96 c.; 4° 36 m. 64 c.; 5° 186 m.

57 c. ; et 6° 38 m. 27 c. : dites ce qu'il en a employé de mètres et de centimètres ?

20. Une couturière a porté sur un mémoire les coupons de rubans ci-après : 0 m. 45 c. ; 0 m. 76 c. ; 0 m. 80 c. ; 0 m. 74 c. ; 0 m. 42 c. : dites le total des longueurs de ces coupons ?

21. Un marin a fait 3 voyages de long cours comme il suit : le 1er a duré 4 ans 262 jours 12 heures ; le 2e, 7 ans 136 jours 15 heures, et le 3e, 5 ans, 19 jours, 23 heures : combien ont duré ces 3 voyages ?

22. On demande le total des nombres ciaprès : 4 ans 8 mois 15 jours 16 heures 45 minutes 50 secondes ; 13 ans 6 mois 8 jours 14 heures, et 25 ans 3 mois 21 jours 22 heures 35 minutes 42 secondes.

SOUSTRACTION

DÉFINITION. — 1. *La soustraction est une opération qui a pour but de trouver la différence qui existe entre deux nombres de même nature.*

Le résultat de la soustraction s'appelle *différence*, *excès* ou *reste*.

On l'appelle *différence* lorsque l'on compare le plus petit nombre au plus grand, *excès* lorsque l'on compare le plus grand au plus petit, et *reste* lorsque l'on ne parle que du résultat de la soustration, sans aucune comparaison.

2. On peut appeler *soustractande* le nombre dont on retranche, et *soustracteur* celui qui en est retranché.

3. DÉMONSTRATION. — Le raisonnement de la soustraction est fondé sur ce principe que la différence entre deux grandeurs inégales reste la même lorsqu'on les augmente toutes les deux de la même quantité.

On peut rendre ce principe évident en prenant deux règles dont les longueurs sont celles des deux nombres;

en les ajustant par leurs extrémités, il est évident que
la différence de leurs longueurs restera constante, en
les augmentant d'une même longueur quelconque du
côté où elles sont de niveau.

RÈGLE. — 4. *Pour faire la soustraction, on
écrit le plus petit nombre sous le plus grand,
les unités sous les unités, les dizaines sous les
dizaines, et ainsi de suite, puis, ayant souligné
le tout, on retranche successivement, en allant
de droite à gauche, chaque chiffre du nombre
inférieur de son correspondant supérieur. Lorsque la soustraction ne peut s'effectuer, on augmente le chiffre supérieur de dix unités de son
ordre, et, par compensation, l'on ajoute une
unité au chiffre immédiatement à gauche de
celui du nombre inférieur sur lequel on a opéré.*

EXEMPLE. — Soustraire 4028 de 32106. On
disposera l'opération ainsi qu'il suit :

$$32106$$
$$4028$$

Reste.   28078

Puis, appliquant la règle, on dit : 8 de 6,
cela ne se peut pas, j'ajoute 10, ce qui fait 16 ;

8 de 16, il reste 8, que j'écris, et je retiens 1 ;
et 2 font 3, de 0, cela ne se peut pas ; j'ajoute
10 ; 3 de 10, il reste 7, que j'écris, et je retiens
1 ; de 1, il reste 0 ; 4 de 2, cela ne se peut pas;
j'ajoute 10, ce qui fait 12, 4 de 12, il reste 8,
et je retiens 1 ; de 3, il reste 2. Le reste demandé est ainsi 28078.

PREUVE. — 5. *Pour faire la preuve de la
soustraction, il faut additionner le reste avec
le nombre à soustraire et l'on devra retrouver
le plus grand nombre;* car, d'après la définition
de la soustraction, le plus grand nombre doit
être la somme du plus petit et du reste.

Exemple :

Soustractande.	32106
Soustracteur.	4028
Reste.	28078
Preuve	32106

Après avoir additionné le plus petit nombre
avec le reste, on a trouvé le plus grand; donc la
soustraction est bonne.

SOUSTRACTION DES DÉCIMALES.

6. *Pour la soustraction des décimales, le*

procédé est le même que pour celle des entiers ; seulement il faut avoir soin de placer convenablement la virgule.

La soustraction des nombres décimaux présente trois cas :

1° Les deux nombres peuvent contenir autant de décimales l'un que l'autre, et alors l'opération s'effectue comme pour les nombres entiers.

2° Le nombre supérieur peut contenir plus de décimales, et alors on les abaisse à la droite, dans le reste.

3° Le nombre inférieur peut contenir plus de décimales, et, dans ce cas, on considère le nombre supérieur, comme terminé par un certain nombre de zéros, ce qui n'en change pas la valeur, d'après ce qui a été expliqué dans la numération.

1er cas.	2e cas.	3e cas.
13,040	36,406	0,7
4,052	27,05	0,325
8,988	9,356	0,375
13,040	36,406	0,7

SOUSTRACTION DES NOMBRES COMPLEXES.

7. La soustraction des nombres complexes se fait comme celle des nombres entiers, à cette différence près que l'on rend possible chaque soustraction partielle (lorsqu'elle n'est pas faisable), en ajoutant aux unités du plus grand nombre sur lesquels on opère, un nombre égal à celui qui est renfermé dans l'unité supérieure immédiatement suivante; et, par compensation, l'on ajoute une unité à la partie complexe du plus petit immédiatement à gauche de celle sur laquelle on vient d'opérer.

	De 74 ans	11 mois	15 jours	16 heures	54 minutes
Otez	22	8	20	23	48
Reste	52 ans	02 mois	24 jours	18 heures	06 minutes.

QUESTIONNAIRE.

1. Qu'est-ce que la soustraction ?

2. Quels noms donne-t-on au résultat de la soustraction ?

3. Sur quel principe repose la démonstration de la soustraction ?

4. Quelle est la règle pour faire la soustraction ?

5. Comment se fait la preuve de la soustraction ?

6. Quel est le procédé pour la soustraction des décimales ?

7. Comment se fait la soustraction des nombres complexes ?

EXERCICES SUR LA SOUSTRACTION.

$$720 - 800 = \qquad 1008,00 - 111,93 =$$
$$5408 - 720 = \qquad 0,55 - 0,200 =$$
$$5400 - 762 = \qquad 112,5 - 20 =$$
$$23456 - 9568 = \qquad 494 - 341,111 =$$
$$7778 - 4564 = \qquad 4941 - 89,12415 =$$
$$100000 - 98763 = \qquad 0,55 - 0,1 =$$
$$408,32 - 52,28 = \qquad 1 - 0,99781 =$$
$$1909 - 299 = \qquad 2 - 0,0011111 =$$

PROBLÈMES SUR LA SOUSTRACTION

1. Un maître avait donné à son domestique 689 fr.; on lui a volé 537 fr. : combien lui reste-t-il ?

2. Une dame a donné à sa servante, pour faire les provisions de la maison, 52 fr. ; elle en a dépensé 48 : combien lui en reste-t-il.

3. En 1840 la population de Rennes s'élevait à 89000 habitants; celle de Tours, à 23233 : quelle était alors la différence de la population de ces deux villes ?

4. L'invention de l'Imprimerie date de 1446 :

4

combien y avait-il d'années qu'elle était inventée
en 1841?

5. Un jeune homme reçoit par an de ses parents, pour son entretien, neuf cent soixante
francs; il en a perdu au jeu deux cent soixante-
cinq : que lui reste-t-il?

6. Un commissionnaire ne se rappelle point
combien il a payé un objet; mais on lui avait
donné 80 francs, et il ne lui reste plus que dix-
neuf francs : combien cet objet a-t-il coûté?

7. Un général avait offert 2 mille francs à un
soldat qui avait sauvé son colonel; mais le soldat
n'a voulu recevoir que 125 francs : combien
est-il resté?

8. Un payeur général a reçu pendant six
mois 300 mille 27 francs; il a payé 236 mille
140 francs : combien doit-il lui rester?

9. Quels sont les deux nombres dont la différence est quatre, sachant que le plus grand est
six?

10. Si au contraire on demandait quels sont
les deux nombres dont la différence est quatre,
sachant que le plus petit est six, quelle règle
faudrait-il faire?

11. Jean a hérité d'une somme de 45 mille 10 francs; François n'a eu que 10 mille 50 francs; combien Jean a-t-il eu de plus que François?

12. Un père voulant favoriser l'aîné de ses enfants, lui a donné 10 mille 520 francs de plus qu'au cadet; on sait d'ailleurs qu'en tout cet aîné a reçu 37 mille francs : combien le cadet a-t-il reçu?

13. Le prix d'une ferme est de quinze cent vingt francs; le fermier a payé à-compte 640 francs : combien doit-il encore à son maître?

14. Un homme avait dans sa caisse 53 mille cent francs; il a prêté à un de ses amis 15 mille 2 cents francs; il a donné à son fils 5 mille 27 francs; enfin il a donné aux pauvres 310 fr. : combien doit-il lui rester?

15. Une maîtresse a donné à sa servante quarante francs cinquante-cinq centimes; la servante a dépensé trente-huit francs quarante-neuf centimes : combien celle-ci a-t-elle encore entre les mains?

16. Un marchand vend un cheval quatre cent dix francs soixante-quinze centimes; il reçoit

comptant deux cents francs vingt-cinq centimes : combien aura-t-on à lui rapporter ?

17. Un père a donné à son fils : une première fois, 117 fr. 25 centimes; une deuxième fois, 95 fr. 09 centimes : le fils a dépensé pour nourriture, 50 fr. 40 centimes ; pour acheter des livres, 29 fr. 75 centimes : combien doit-il lui rester ?

18. Un particulier avait acheté une maison 32 mille 45 fr., il la revend 39 mille 40 fr. : combien a-t-il gagné ?

19. Un autre en avait acheté une 70 mille 400 fr. 60 c., il a perdu en la revendant 100 fr. 10 centimes : combien l'a-t-il vendue ?

20. Un homme est né en 1790, quel âge avait-il en 1834 ?

21. Un jeune homme a acheté un habit 75 fr. 22 c.; un autre en a eu un semblable pour 67 fr. 46 c. : combien le premier a-t-il mis de plus que le second ?

22. Un père a donné à son fils aîné 15 mille 900 fr. 40 centimes, et au cadet dix mille francs 57 centimes : combien a-t-il donné de plus à l'un qu'à l'autre ?

23. Un homme est parvenu à 87 ans 3 mois 16 jours; un autre à 60 ans 6 mois 15 jours : de combien le premier est-il plus âgé que le second ?

24. Un chêne a été planté le 10 janvier 1621 ; quel âge a-t-il eu au 1er février 1834 ?

25. Une famille a acheté par contrat un bien le 24 juin 1715; ce bien a été vendu le 13 juillet 1793 : combien de temps l'a-t-elle possédé ?

26. Un homme est né le 17 juin 1700, quel était son âge au 17 juin 1834 ?

27. Un ouvrier a marqué ainsi sa dépense de la semaine : Dimanche, j'ai reçu treize francs 12 centimes; Lundi, j'ai dépensé trente-deux décimes ; Mardi, quarante-huit centimes, mais le même jour, j'ai reçu quinze décimes ; Mercredi, j'ai payé six fr. dix-huit centimes ; Jeudi, j'ai reçu 3 fr. 7 c. et j'ai payé 1 fr. 18 c. : on demande combien il lui restait le Jeudi au soir ?

28. Deux marchands doivent acheter ensemble un parti de bois, et mettre une mise commune : le premier a donné dix-sept cent vingt-cinq francs, le second n'a donné à-compte

4.

que trois cents francs quarante-cinq centimes : combien devra-t-il rapporter?

29. Un épicier a acheté un parti de sucre pour deux mille francs, il l'a revendu au débit deux mille trois cent vingt-sept francs vingt-cinq centimes : combien a-t-il gagné ?

30. On demandait à une femme son âge; elle répondit : si on retranchait de mon âge dix-sept ans, je n'en aurais plus que dix-huit : quelle est cette règle.

31. En 1834 un homme a eu soixante-neuf ans : combien en avait-il en 1700.

32. Un homme a marché pendant trois jours et douze heures ; un autre, pendant cinq jours neuf heures : combien de temps le deuxième a-t-il marché de plus que le premier ?

33. Un architecte a demandé pour construire une église, 35 mille fr. ; un autre a promis de la construire pour 29 mille 728 fr. 40 c. : combien aurait-on de bénéfice en employant le second ?

34. Deux époux font ensemble 137 ans ; le mari a 73 ans : quel est l'âge de la femme ?

35. Un chef d'atelier a reçu pour payer les

ouvriers, 327 fr. 15 c. ; puis , 209 fr. 7 centimes ; il a payé une première fois, 187 fr. 80 c. ; une deuxième fois, 257 fr. 10 c. : combien doit-il lui rester ?

36. Un boulanger présente le compte suivant : fourni à M...., une première semaine, pour 27 fr. 80 c. de pain ; une deuxième, pour 30 fr. 10 c. ; une troisième, pour 29 fr. 8 centimes ; M...., a donné à-compte 18 fr. 48 c. : on demande combien il redevra au boulanger ?

37. Un homme a eu 39 ans en mil huit cent trente-quatre : on demande en quelle année il est né ?

38. Un marchand de chevaux en a acheté vingt, pour une somme de huit mille quarante francs ; il en a vendu deux, sept cent onze francs ; un autre est crevé, et était estimé cinq cents francs : quelle est la valeur de ce qui lui reste ?

39. Deux pièces de toile de Flandre sont à vendre, l'une contient 897 mètres et l'autre 767 : combien la première en contient-elle de plus que la seconde ?

40. On demande quels sont les deux nombres

dont la différence est dix mille cent un francs vingt-cinq centimes, sachant que le plus grand est cent mille quatre-vingt-quinze?

41. On a commandé à un serrurier une belle grille en fer; le fer employé est évalué, au poids, dix-neuf cent quatre-vingts francs quarante centimes; on a donné en tout, pour fer et main-d'œuvre, trois mille six cents francs douze centimes : à combien l'ouvrier a-t-il porté le prix de main-d'œuvre?

42. Un volume, dans un nombre de pages donné, s'est trouvé contenir 2 millions 10 mille lettres; un autre, dans un égal nombre de pages, n'en contient que 1 million 170 mille 80 : on demande combien il y en a de plus dans le premier que dans le second?

43. Un établissement de charité a distribué, en 1833, vingt-sept mille quarante francs cinquante-cinq centimes; en 1834, il a distribué, également en secours, vingt-neuf mille dix-sept francs soixante-quinze centimes : combien a-t-il donné de plus la dernière année?

44. On a dit à un homme : Vous avez, dit on, dans votre caisse, vingt-cinq mille francs? Non,

répondit-il, il s'en faut dix-huit cent quatre-vingt-cinq francs que je n'aie cette somme : on demande combien il a en caisse ?

45. On demandait à un vieillard quel âge il avait : s'en faut, répondit-il, six ans trois mois et dix-sept jours, que je n'aie cent ans : on demande quel âge il avait ?

46. Un père avait quarante-cinq ans deux mois quatre jours à la naissance de son fils : quel sera l'âge du fils quand le père atteindra cinquante-six ans ?

47. Louis XIV monta sur le trône en 1643 ; il mourut en 1715, à l'âge de soixante-dix-sept ans : combien de temps a-t-il régné, et à quel âge est-il parvenu à la couronne ?

48. Un enclos a 95176 mètres 40 centimètres de tour, et l'autre 4385 mètres 37 centimètres : dire combien le premier en a de plus que le second ?

49. Un jardinier a planté autour des carrés de son jardin 1790 mètres 37 cent. de bordures; dans ce nombre il y en a de productives 733 mètres 60 cent., le reste n'est que d'agré-

ment : dites combien il y a de mètres de ces derniers ?

50. On demande la différence entre quatorze ans six mois vingt-deux jours trois heures quarante-trois minutes cinquante-sept secondes douze tierces, etc., et trois ans sept mois vingt-cinq jours treize heures quarante cinq minutes cinquante huit secondes vingt-cinq tierces ?

51. Une enfant a reçu un nombre de noisettes de quatre de ses compagnes : la première lui en a donné 7 ; la seconde, 25 ; la troisième, 15 ; la quatrième, 12 : combien lui en reste-t-il après qu'elle en a mangé 30 ?

52. Une personne ayant 30 francs dans sa poche, est allée au marché, elle a acheté pour 0 franc 75 cent. de beurre ; pour 5 francs de poisson ; une oie pour 3 francs ; pour légumes, 3 francs : combien lui reste-t-il ?

53. Un enfant reçut de son grand-papa 25 fr. pour ses étrennes ; il donna 8 fr. aux pauvres ; 4 fr. pour des joujoux : combien lui resta-t-il ?

54. M. de.... achète deux chapeaux, l'un coûte 17 fr. 50 cent.; l'autre 21 fr. ; il avait

40 fr. dans sa bourse : combien lui en reste-t-il ?

55. Une petite fille a 34560 pas à faire pour aller chez son oncle : combien en a-t-elle encore à faire, si elle en a fait 545 et qu'on doive la venir chercher en voiture à moitié chemin ?

56. Une élève a eu pour pénitence 1200 lignes à copier ; combien en a-t-elle encore si elle en a copié 125 et que sa maîtresse lui fasse grâce de 175 ?

57. Paul me devait 145 fr., il m'en a donné 45 : combien me devra-t-il encore si je lui fais grâce de 12 fr. ?

58. Une petite fille a reçu 25 bons points d'une fois et 15 d'une autre : combien lui en faut-il encore pour gagner une image de 50 bons points, si pour une faute qu'elle a faite, sa maîtresse lui a ôté 5 ?

59. J'avais 45 oranges dans un panier, j'en ai donné à trois enfants, savoir : 5 au premier, 2 au second, et 4 au troisième : combien m'en restera-t-il si j'en ai donné encore 13 ?

60. Paul a gagné 225 fr., mais il doit 42 fr. Pierre a gagné 4024 fr., il doit 26 fr. à une per-

sonne et 31 fr. à une autre; André a gagné 4226 fr. et il doit 16 fr. : quelle somme feront-ils tous les trois, après s'être acquittés de leurs dettes, s'ils possédaient déjà 421 francs chacun ?

61. Jules avait 3420 fr.; il devait 340 fr.; il a donné 21 francs aux pauvres; il a dépensé 241 fr. 75 cent. : combien lui reste-t-il ?

62. Un enfant a reçu pour ses étrennes 10 fr. 50 cent. de son papa, 14 fr. 12 cent. de sa maman, et 8 fr. 40 cent. de sa tante : combien aura-t-il lorsqu'il aura donné 0 fr. 15 cent. à un pauvre et dépensé pour lui-même 4 francs 95 cent. ?

63. J'avais 15 cent. dans ma poche; une personne m'a donné 4 fr. 95, et une autre 26 fr. 75 cent. : combien aurai-je d'argent après avoir dépensé 1 fr. 92 c. ?

64. Il entre un jour dans un magasin 190 mètres 85 cent. de drap; 279 mètres 75 cent.; 540 mètres 28 cent.; 19 mètres 49 cent.; 17 mètres 50 cent.; enfin 205 mètres 75 cent. Le lendemain il en sort 18 mètres 35 cent.; 102 mètres 56 cent.; 16 mètres 82 cent.; 36 mètres

85 cent.: combien en reste-t-il de la quantité qui était entrée la veille?

6b. Une modiste a acheté une pièce de ruban de 245^m; elle en a mis 50 mètres à un certain ouvrage, 80 à un autre, 24 à un troisième, 10 mètres 15 cent. à un quatrième ouvrage: combien de mètres lui reste-t-il?

MULTIPLICATION.

Définition. — 1. La multiplication *est une opération qui a pour but de composer un nombre nommé* produit *avec un nombre nommé* multiplicande, *comme un autre nombre appelé* multiplicateur *est composé avec l'unité :* de sorte que si le multiplicateur contient 2, 3, 4... fois l'unité, le produit devra contenir 2, 3, 4... fois le multiplicande.

Si le multiplicateur est 1, 2, 3, 4... dixièmes, le produit sera le dixième, les deux dixièmes, les trois dixièmes, les quatre dixièmes du multiplicande.

5

Il résulte de là que : 1° lorsque le multiplicateur est un nombre entier, le produit contient le multiplicande le même nombre de fois et est par conséquent plus grand.

2° Si le multiplicateur est une fraction, le produit exprime la même fraction du multiplicande et est par conséquent plus petit.

2. Le premier nombre s'appelle *multiplicande* comme étant celui qui est multiplié.

3. Le second nombre *multiplicateur*, comme étant celui par lequel on multiplie.

4. Et on leur donne le nom commun de *facteurs*, parce qu'ils servent à former le produit.

5. *Le procédé pour faire la multiplication varie suivant le nombre de chiffres qui se trouve dans les facteurs.*

La multiplication des nombres entiers présente trois cas, savoir :

1° Lorsque le multiplicande et le multiplicateur ne sont que d'un seul chiffre.

2° Lorsque l'un des facteurs a plusieurs chiffres et que l'autre n'en a qu'un.

3° Lorsque le multiplicande et le multiplicateur ont plusieurs chiffres chacun.

Premier cas. — Soit à multiplier 5 par 4 ; d'après la définition, le produit se composant d'autant de fois 5 qu'il y a d'unités dans 4 s'obtiendra en ajoutant 5 quatre fois à lui-même, et sera exprimé par $5 + 5 + 5 + 5 = 20$.

6. Pour rendre l'opération plus simple, on se sert d'une table contenant le produit des neuf premiers nombres composés deux à deux, et qui porte le nom de table de multiplication.

Table de la multiplication.

$1 \times 1 = 1$	$4 \times 1 = 4$	$7 \times 1 = 7$
$1 \times 2 = 2$	$4 \times 2 = 8$	$7 \times 2 = 14$
$1 \times 3 = 3$	$4 \times 3 = 12$	$7 \times 3 = 21$
$1 \times 4 = 4$	$4 \times 4 = 16$	$7 \times 4 = 28$
$1 \times 5 = 5$	$4 \times 5 = 20$	$7 \times 5 = 35$
$1 \times 6 = 6$	$4 \times 6 = 24$	$7 \times 6 = 42$
$1 \times 7 = 7$	$4 \times 7 = 28$	$7 \times 7 = 49$
$1 \times 8 = 8$	$4 \times 8 = 32$	$7 \times 8 = 56$
$1 \times 9 = 9$	$4 \times 9 = 36$	$7 \times 9 = 63$
$2 \times 1 = 2$	$5 \times 1 = 5$	$8 \times 1 = 8$
$2 \times 2 = 4$	$5 \times 2 = 10$	$8 \times 2 = 16$
$2 \times 3 = 6$	$5 \times 3 = 15$	$8 \times 3 = 24$
$2 \times 4 = 8$	$5 \times 4 = 20$	$8 \times 4 = 32$
$2 \times 5 = 10$	$5 \times 5 = 25$	$8 \times 5 = 40$
$2 \times 6 = 12$	$5 \times 6 = 30$	$8 \times 6 = 48$
$2 \times 7 = 14$	$5 \times 7 = 35$	$8 \times 7 = 56$
$2 \times 8 = 16$	$5 \times 8 = 40$	$8 \times 8 = 64$
$2 \times 9 = 18$	$5 \times 9 = 45$	$8 \times 9 = 72$
$3 \times 1 = 3$	$6 \times 1 = 6$	$9 \times 1 = 9$
$3 \times 2 = 6$	$6 \times 2 = 12$	$9 \times 2 = 18$
$3 \times 3 = 9$	$6 \times 3 = 18$	$9 \times 3 = 27$
$3 \times 4 = 12$	$6 \times 4 = 24$	$9 \times 4 = 36$
$3 \times 5 = 15$	$6 \times 5 = 30$	$9 \times 5 = 45$
$3 \times 6 = 18$	$6 \times 6 = 36$	$9 \times 6 = 54$
$3 \times 7 = 21$	$6 \times 7 = 42$	$9 \times 7 = 63$
$3 \times 8 = 24$	$6 \times 8 = 48$	$9 \times 8 = 72$
$3 \times 9 = 27$	$6 \times 9 = 54$	$9 \times 9 = 81$

Deuxième cas. — Soit à multiplier 547 par 6.

Multiplicande	547
Multiplicateur	6
Produit	3282

Le nombre 547 se compose de 7 unités, 4 dizaines et 5 centaines.

Donc, le produit qui se compose avec 547, comme 6 se compose avec l'unité, doit être égal à 6 fois 7 unités, plus 6 fois 4 dizaines, plus 6 fois 5 centaines.

Comme il entre 2 dizaines dans le premier produit partiel, on retient ces deux dizaines pour les reporter au second produit, sur lequel on opère comme sur le premier, et ainsi de suite jusqu'au dernier.

RÈGLE. — 7. *Après avoir placé le multiplicateur sous le multiplicande, on tire une ligne, pour séparer le produit des facteurs, on multiplie successivement les chiffres des unités, dizaines, centaines... du multiplicande par le chiffre du multiplicateur; si ces produits partiels ne dépassent pas 9, on les écrit au-dessous; mais s'ils excèdent 9, ils renferment des dizaines* et des unités de cet ordre, et l'on porte les dizaines au produit partiel suivant, après avoir écrit les unités.

Troisième cas. — Soit à multiplier 25 par 68.

Multiplicande.	25
Multiplicateur.	68
	200
	150
Produit.	1700

Le nombre 25 se compose de 5 unités et 2 dizaines.

Donc le produit qui se compose avec 25, comme 68 se compose avec l'unité, doit être égal à 8 fois 5 unités plus 8 fois 2 dizaines et 6 dizaines de fois 5 unités plus 6 dizaines de fois 2 dizaines. Il est clair qu'en additionnant ces deux produits partiels on aura le produit demandé.

Règle générale. — 8. *On multiplie tout le multiplicande successivement par chaque chiffre du multiplicateur en allant de la droite à la gauche, et en plaçant chaque produit partiel au-dessous du précédent en le reculant d'un rang vers la gauche, attendu qu'il provient d'un chiffre d'un ordre dix fois plus élevé.*

Le produit total est égal à la somme de tous ces produits partiels.

On peut remarquer, pour la disposition des produits partiels, qu'il suffit d'écrire le premier chiffre à droite de chacun d'eux, au-dessous de celui du multiplicateur par lequel on multiplie.

Démonstration de la multiplication de deux nombres quelconques. — Soit à multiplier 3657 par 543. Le nombre 543 se compose de 3 unités, plus de 4 dizaines ou 40, plus de 5 centaines ou 500. Il faut donc répéter 3657 : 1° 3 fois, 2° 40 fois et 3° 500 fois. Mais prendre un nombre 40 fois, c'est le répéter 4 fois, 10 fois ; pour le répéter 10 fois, il suffit d'ajouter un zéro à sa droite ; il n'y a plus qu'à le répéter 4 fois, ce qui se fait comme précédemment.

Le raisonnement est le même pour le produit du multiplicande par les centaines, mille, etc... du multiplicateur.

Ainsi, à partir du second produit partiel, on devrait écrire à sa droite autant de zéros moins un que l'indique le rang du chiffre... Or, ceci équivaut à écrire chaque produit partiel au-dessous du précédent, en avançant d'un rang vers la gauche.

Opération.

$$
\begin{array}{rcl}
3657 & & \\
543 & & \\
\hline
10971 & = & 3 \text{ fois } 3657. \\
146280 & = & 40 \text{ fois } 3657. \\
1828500 & = & 500 \text{ fois } 3657. \\
\hline
1985751 & = & 543 \text{ fois } 3657.
\end{array}
$$

Comme le produit se compose d'autant de fois le multiplicande qu'il y a d'unités dans le multiplicateur, il en résulte qu'en ajoutant le multiplicande ce nombre de fois, le produit devient alors la somme de plusieurs nombres égaux entre eux. Cela prouve que la multiplication est une addition abrégée.

		547
Multiplicande.	547	547
Multiplicateur.	4	547
Produit.	2188	547
		2188

Il faut remarquer : 1º que le *multiplicateur*

est un *nombre abstrait*, puisqu'il indique combien de fois le produit contient le multiplicande ;

2° Que *le produit est de même espèce que le multiplicande :* car l'un est une partie de l'autre, et un tout et ses parties sont nécessairement de même espèce.

9. *Le produit de deux facteurs croît et décroît directement comme ces deux facteurs ;* c'est-à-dire que si l'on rend le multiplicande 2, 3, 4, etc., *fois plus grand ou plus petit, le produit devient aussi* 2, 3, 4, *etc., fois plus grand ou plus petit. Il en est de même pour le multiplicateur.*

10. *Pour multiplier un nombre entier par* 10, *par* 100, *par* 1000, *il suffit d'écrire à la droite du nombre un zéro pour* 10, *deux zéros pour* 100, *trois pour* 1000, *c'est-à-dire autant de zéros qu'il y en a après l'unité dans le multiplicateur.*

Cette règle résulte du principe déjà connu de notre numération, qui nous apprend qu'un chiffre acquiert une valeur dix fois plus grande en s'avançant d'un rang vers la gauche, cent fois plus grande en s'avançant de deux rangs, etc.

5.

On prouverait de même qu'un nombre terminé par des zéros devient 10, 100, 1000 fois plus petit, lorsqu'on retranche un, deux ou trois zéros sur la droite de ce nombre.

11. *Si le multiplicateur avait un ou plusieurs zéros placés entre les chiffres significatifs, cela ne changerait point la règle générale; mais, comme les produits partiels par les zéros seraient nuls, on se contente de multiplier par les chiffres significatifs; seulement on a bien soin d'écrire le premier chiffre à droite de chaque produit partiel, au même rang que le chiffre par lequel on multiplie.*

Proposons-nous par exemple la multiplication suivante :

$$
\begin{array}{r}
61057 \\
4006 \\
\hline
371742 \\
247828\ldots \\
\hline
248100742
\end{array}
$$

Après avoir obtenu le premier produit partiel par le chiffre 6, on multiplie le multiplicande par le chiffre 4 du multiplicateur; mais comme ce chiffre exprime des mille, on place le premier chiffre 8 à droite du second produit partiel au rang des mille, c'est-à-dire au quatrième rang à gauche.

D'après cela, dans une multiplication il y a autant de produits partiels qu'il y a de chiffres significatifs au multiplicateur.

On peut savoir le nombre de chiffres *à un chiffre près*, qui doit revenir au produit avant de faire la multiplication, en multipliant par la pensée le chiffre de l'ordre le plus élevé du multiplicande par le chiffre de l'ordre le plus élevé du multiplicateur.

Soit : 3057 multiplié par 543, je dis : des mille multipliés par des centaines donneront au moins des centaines de mille ; donc il ne reviendra pas moins de 6 chiffres ; mais pas plus de 7.

En effet, 3057 × 543 = 1.988.751.

Quelquefois un des facteurs ou les deux facteurs sont terminés par des zéros.

Soit : 8342000 multipliés par 340.

Après avoir placé convenablement le multiplicateur, on opère comme si l'on avait seule-

ment à multiplier 8342 par 34, mais on place
5 zéros à la droite du produit, puisqu'il y en a
3 dans le multiplicande et un dans le multiplicateur.

DÉMONSTRATION. — En ne tenant pas compte des
trois zéros du multiplicande, le produit est mille fois
trop petit.

De même, en négligeant le zéro dans le multiplicateur, on a rendu le produit 10 fois trop petit.

Donc le produit 283628, déjà 1000 fois trop fait le, est
1000 × 10 ou 10000 fois trop petit ; il faut donc, pour
le ramener à sa juste valeur, le rendre 10,000 fois plus
grand, c'est-à-dire ajouter quatre zéros à sa droite.

RÈGLE. — 13. *On fait la multiplication sans
faire attention aux zéros ; mais on écrit ensuite à la droite du produit total autant de
zéros qu'il y en a au multiplicande et au multiplicateur.*

Exemple.

$$
\begin{array}{r}
8342000 \\
340 \\
\hline
33368 \\
25026 \\
\hline
2836280000
\end{array}
$$

OBSERVATION. — *Dans toute multiplication le produit reste le même, quand on change l'ordre des facteurs.*

En d'autres termes, le produit d'une multiplication ne change pas, quoique l'on prenne le multiplicateur pour le multiplicande, et le multiplicande pour le multiplicateur. Ainsi, le nombre 578×39 donne le même produit que 39×578.

DÉMONSTRATION. — 5×4 égale cinq unités répétées 4 fois. En décomposant les 5 unités on aura :

$$5 = 1 + 1 + 1 + 1 + 1$$

Comme il faut répéter cette somme d'unités quatre fois, il faut ajouter au-dessous trois sommes égales, ce qui donne en tout.

$$1 + 1 + 1 + 1 + 1$$
$$1 + 1 + 1 + 1 + 1$$
$$1 + 1 + 1 + 1 + 1$$
$$1 + 1 + 1 + 1 + 1$$

En comptant par lignes horizontales, on obtient 5 unités répétées 4 fois, ou 5×4. Si l'on compte par lignes verticales, comme il y en a 5 et que chacune se compose de 4 unités, on a ainsi 4 unités répétées 5 fois, ou 4×5.

Or, puisque l'on ajoute d'une part comme de l'autre toutes les unités du tableau, on doit obtenir le même résultat, ce qui prouve que $5 \times 4 = 4 \times 5$.

Le produit de plusieurs nombres ne change pas, dans quelque ordre qu'on effectue les multiplications.

Soit : $2 \times 6 \times 4 \times 3 \times 5 = 5 \times 3 \times 4 \times 6 \times 2.$

Comme le produit ne change pas, dans quelque ordre que l'on effectue la multiplication, il faut dans la pratique mettre le plus petit au-dessous.

14. *On appelle multiple d'un nombre les divers produits de ce nombre multiplié par 2 ou par 3, ou par 4, etc. Ainsi 20, produit de 4 par 5, est un multiple de 4 et de 5.*

PREUVE. — 15. *On fait la preuve d'une multiplication par une autre multiplication, en prenant le multiplicande pour le multiplicateur et le multiplicateur pour le multiplicande, et le produit doit être le même, d'après ce principe que le produit ne change pas lors même que les facteurs sont changés.*

Multiplication des nombres décimaux.

Soit, par exemple, à multiplier 18,326 par 2,47. Il faut faire la multiplication sans faire attention aux virgules, c'est-à-dire comme si l'on avait à multiplier 18326 par 247 ; mais comme il y a 3 décimales dans le multiplicande et 2 dans le multiplicateur, on a soin de séparer 5 chiffres décimaux sur la droite du produit.

DÉMONSTRATION.—En effet, en ne tenant pas compte de la virgule dans le multiplicande, on l'a rendu 1000 fois trop grand ; le produit se trouve donc aussi 1000 fois trop grand, et, pour le ramener à sa juste valeur, il faut le rendre 1000 fois plus petit, c'est-à-dire retrancher trois décimales sur la droite du produit.

Mais, d'un autre côté, en négligeant la virgule dans le multiplicateur, on l'a rendu 100 fois plus grand ; le produit est donc encore 100 fois trop grand, et, pour lui donner enfin sa véritable valeur, il faut le rendre 100 fois plus petit, c'est-à-dire avancer encore la virgule de deux rangs vers la gauche ; ce qui revient, en définitive, à séparer par une virgule 5 décimales sur la droite du produit.

RÈGLE. — 16. *On fait la multiplication des nombres décimaux comme si les nombres étaient entiers, sans faire attention à la virgule ; mais, après l'opération, on a soin de séparer par une virgule, sur la droite du produit, autant de décimales qu'il y en a dans les facteurs réunis.*

Exemple.

18,326

2,47

____

128283

72304

30652

____

45,26622

REMARQUE. Nous avons dit que lorsque le multiplicateur est une fraction, le produit exprime cette même fraction du multiplicande ; donc, quand on voudra savoir ce que représente une partie déterminée d'un nombre quelconque répétée un certain nombre de fois, par exemple ce que représentent quatre dixièmes de 3 ou ce qui est la même chose quatre fois la dixième partie de 3, on aurait : $3 \times 0,4 = 1,2$.

Application.

Un marchand vend le mètre d'un certain drap 38 francs, une personne veut en avoir 68 centimètres : à combien s'élèvera cet achat ?

$$38 \times 0,68 = 25 \text{ fr. } 84 \text{ cent.}$$

17. Si le produit ne donne pas autant de

chiffres décimaux qu'il y en a dans les deux facteurs ensemble, on doit en compléter le nombre en mettant un ou plusieurs zéros sur la gauche du produit, à la droite de la virgule.

Soit, par exemple, à multiplier 0,0357 par 0,25.

$$
\begin{array}{r}
0,0357 \\
0,25 \\
\hline
1785 \\
714 \\
\hline
0,008925
\end{array}
$$

18. *Voici les usages de la multiplication :*

1° Elle sert à faire connaître le produit de deux nombres ;

2° A faire connaître le prix total de plusieurs unités, quand on connaît le prix de chacune ;

3° A réduire des unités d'espèces principales en leurs parties, comme des toises en pieds, des pieds en pouces, des années en jours, des jours en heures, des unités en dixièmes, centièmes, millièmes, etc. ;

4° A trouver les surfaces ou superficies, et la solidité des corps ;

5° A prouver l'exactitude d'une division.

OBSERVATION. — Lorsque le multiplicande seul se compose de plusieurs chiffres et que le multiplicateur n'en a qu'un, il y a une manière plus simple de faire la multiplication. On place le multiplicateur à la droite du multiplicande dont on le sépare par le signe de la multiplication ; on multiplie successivement les unités, les dizaines, les centaines, etc., du multiplicande par le chiffre du multiplicateur, et l'on place ces produits dans le même ordre, à la droite du multiplicateur, à la 'roite du signe de l'égalité. $547 \times 4 = 2188$.

Si le multiplicateur était composé de plusieurs chiffres et le multiplicande d'un seul, on ferait également de la même manière, seulement on considérerait le multiplicande comme multiplicateur, et l'on obtiendrait le même résultat. $4 \times 547 = 2188$.

QUESTIONNAIRE.

1. Qu'est-ce que la multiplication?

2. Qu'est-ce que le multiplicande ?

3. Qu'est-ce que le multiplicateur ?

4. D'où vient le nom de facteurs ?

5. Quelle est la règle pour faire la multiplication ?

6. Qu'est-ce qu'il faut bien savoir pour multiplier facilement l'un par l'autre deux facteurs d'un seul chiffre ?

7. Quelle est la règle à suivre lorsque l'un des facteurs n'a qu'un chiffre et que l'autre en a plus d'un ?

8. Quelle est la règle lorsque les deux facteurs ont plus d'un chiffre chacun ?

9. Qu'arrive-t-il lorsque l'un des facteurs devient 2, 3, 4, 10 fois plus grand ?

10. Comment multiplie-t-on un nombre entier par 10, par 100 ?

11. Quelle est la règle à suivre lorsqu'il y a un ou plusieurs zéros entre les chiffres significatifs du multiplicateur ?

12. Comment fait-on pour savoir d'avance le nombre de chiffres qui doit revenir à un produit ?

13. Quelle est la règle lorsqu'il y a des zéros à la droite d'un des facteurs ou de tous les deux ?

14. Qu'appelle-t-on multiples d'un nombre ?

15. Comment fait-on la preuve de la multiplication?

16. Comment faut-il opérer, s'il y a des chiffres décimaux dans l'un des facteurs, ou dans les deux ?

17. Que fait-on, lorsque le produit donne moins de chiffres décimaux qu'il n'y en a dans les deux facteurs ensemble ?

18. Quels sont les usages de la multiplication ?

EXERCICES SUR LA MULTIPLICATION.

Multiplier :			Multiplier :	
937	par 2	359	par	706
70826	3	5369		4003
91234	4	14076		803
43958	7	725061		40785
87619	par 5	38	par	567
5307	6	25		4068
74136	8	109		6137
67203	9	7005		8736
156	par 10	482	par	180
718	100	83700		470
1302	10	8000		968
100	1000	250		478000
26	par 0,61	2,3017	par	0,006
1420	0,23	7,705		2,05
709000	7,54	0,101		0,432
1547	0,073	0,91		83,01
593	par 10,08	6,003	par	0,0026
7900	0,1745	144,137		2,1006
32318	6,03	0,00031		0,289
496	0,87	430,013		4,0317
3,02	par 6,24	0,00958	par	0,12745
25,371	0,128	0,54107		0,10103
0,146	0,1394	0,00001		0,01
30,09	13,201	0,00000		0,000

Problèmes.

On demande le prix de 35 chevaux de même valeur, sachant qu'un seul cheval vaut 543 fr.

Solution raisonnée.

On dira : puisqu'un cheval coûte 543 fr., 2, 3, 4 chevaux coûteront évidemment 2, 3, 4 fois plus ; et s'il y en a 35, ils coûteront 35 fois 543 fr. ; ainsi il faut, pour résoudre le problème, répéter le nombre 543 fr. 35 fois : c'est donc une multiplication qu'il faut faire. En effectuant l'opération de la manière suivante :

$$
\begin{array}{r}
543 \text{ fr.} \\
35 \\
\hline
2715 \\
1629 \\
\hline
19005 \text{ fr.}
\end{array}
$$

on trouve que les 35 chevaux valent 19005 fr.

Combien y a-t-il de minutes dans 13 heures ?

Solution raisonnée.

Puisqu'une heure vaut 60 minutes, 2, 3, 4 heures vaudront 2, 3, 4 fois plus, et 13 heures vaudront par conséquent 13 fois 60 minutes. Il faut répéter 60 minutes 13 fois ; c'est donc une multiplication. En effectuant l'opération, on trouvera que 13 heures valent 780 minutes.

1, Combien y a-t-il de lettres dans un volume de 719 pages, si chacune renferme 1539 lettres ?

Raisonnement. — Puisque une page renferme 1539 lettres, 719 pages en renfermeront 719 fois plus ou $1539 \times 719 = 1.106.541$ lettres.

2. On demande un nombre 137 fois plus grand que 1275.

3. Une feuille d'impression coûte 53 francs : combien coûtera un ouvrage de 12 feuilles ?

4. Il faut 58 grains pour un chapelet : combien en faudrait-il pour 20 chapelets ?

5. Un marchand a reçu 35 ballots qui lui coûtent 109 fr. pièce. On demande ce qu'il doit pour cet envoi.

6. Un bateau fait 5 voyages par jour et transporte chaque fois 243 personnes. Quel est le nombre de personnes transportées dans un jour ?

7. Un ouvrier épargne 13 fr. par semaine sur le montant de ses journées. Quelle somme aura-t-il épargnée dans 34 semaines ?

8. On compte dans une terre 37 rangées d'oliviers, et 18 arbres à chaque rangée : combien y a-t-il d'arbres dans cette plantation ?

9. Une pièce d'artillerie tirant 120 coups par heure a continué le feu pendant 13 heures. On veut savoir combien de coups elle a tirés ?

10. Un domestique a laissé entre les mains de ses maitres ses gages de 18 ans. On veut savoir à combien s'élèvent ses épargnes, ses gages étant de 250 fr. par an ?

11. On achète 89 mètres de drap à raison de 19 fr. le mètre. Combien doit-on payer pour cette emplette ?

12. La rame de papier contient 20 mains, et chaque main 25 feuilles. Combien y a-t-il de feuilles dans la rame ?

13. Un parapluie a coûté 22 francs 25 cent. Combien coûteraient 10 parapluies?

14. Un général a fait distribuer 45 cartouches à chacun de ses soldats. On sait que sa troupe est composée de trois bataillons de 540 hommes

chacun. D'après cela, combien de cartouches a-t-il distribuées ?

15. Un homme est âgé de 38 ans : On demande combien il a vécu de jours, sachant bien que l'année se compose de 365 jours ?

16. On a acheté 550 milliers de mottes à brûler, à raison de 1 fr. 95 cent. le millier. Combien aura-t-on à payer ?

17. Un négociant, armant un bâtiment, a promis à un homme de l'équipage de le payer 65 fr. 25 cent. par mois ; cet homme est resté en mer 5 mois. Combien lui devra-t-on ?

18. Quel serait le prix à payer si cet homme était demeuré sur le bâtiment un an et demi ?

19. Un coutelier a fourni 96 douzaines de couteaux. Combien en tout y avait-il de couteaux ?

20. Le prix de ces couteaux avait été calculé à cinquante-huit centimes la pièce. Combien a-t-il dû recevoir ?

21. Des pêcheurs ont pris, dans un temps donné, 25 milliers 560 sardines, ils les ont vendues à raison de deux centimes la sardine. Combien ont-ils reçu ?

22. Un homme a planté, en deux ans, dix mille trois cent neuf pieds d'arbres : on pense que l'un portant l'autre, chaque pied d'arbre lui est revenu à quarante-huit centimes. Combien a-t-il dû payer ?

23. On a confectionné pour un régiment 1869 chemises ; chacune revient à 2 fr. 49 cent. Quel est le prix total de toutes les chemises ?

24. Il y a dans un établissement d'instruction 197 élèves ; chacun paie par an 428 fr. 75 cent. Quelle doit être la recette totale ?

25. Un maître charpentier fait au bout du mois le compte des journées d'ouvriers qu'il a employés ; il trouve un compte de 779 journées, qui ont été payées à raison de 2 fr. 48 cent.: on demande à combien se monte le compte total ?

26. Un homme a acheté 958 morues, à raison de 1 fr. 76 cent. la morue ; il les revend ensuite à raison de 2 fr. 25 cent. la morue : on demande combien il aura gagné ?

27. Un marchand de chapelets en a vendu dans une année 549 douzaines ; on sait de plus, que chaque chapelet devait lui être payé trente-

6

cinq centimes : on demande combien il a reçu d'argent?

28. On dit que le pouls bat communément 55 fois par minute : on demande combien il aura battu de fois dans un jour ?

29. Un voyageur faisait trente pas par minute : on demande combien il aura fait de pas, après avoir marché pendant six heures ?

30. Un apothicaire a vendu pendant une année onze mille trente-sept remèdes d'espèces diverses; on évalue, l'un portant l'autre, chaque remède à soixante-dix-huit centimes : quelle sera la recette à la fin de l'année ?

31. Un bureau de poste a délivré ordinairement 728 lettres par jour ; on peut évaluer chacune à vingt-cinq centimes ; quelle sera la recette à la fin de l'année ?

32. Une promenade a 2709 pas de long ; un homme a fait le pari de la parcourir quinze fois dans quatre heures : combien fera-t-il de pas ?

33. On veut savoir combien il y a de carreaux dans une chambre qui a vingt-sept carreaux en longueur sur dix-neuf de largeur ?

34. Un fabricant a vendu 3 pièces de drap ;

l'une composée de 12 mètres 8 décimètres, à raison de 26 fr. 75 cent. le mètre ; la seconde, composée de 18 mètres, à raison de 34 francs 50 cent. le mètre ; la troisième, composée de 24 mètres 15 centimètres, à 32 fr. 25 cent. le mètre : combien doit-il recevoir ?

35. Une marchande de nouveautés a vendu 15 mètres de tulle à 2 fr. 50 cent. le mètre ; 12 mètres d'indienne à 4 fr. 25 cent. le mètre ; 18 mètres de mousseline à 5 fr. 75 c.; 20 mètres 50 centimètres de gros de Naples à 6 fr. 70 cent.: combien doit-elle recevoir ?

36. Léonie consacre ses veillées d'hiver dans le château de sa mère à faire des robes pour les pauvres petites filles du village ; pour cela elle achète 175 mètres de toile peinte au prix de 1 fr. 87 cent. le mètre; avec cela elle fait 43 robes dont la façon serait payée 4 fr. 75 cent. la pièce : on demande quelle est l'aumône de Léonie, quand elle a vêtu 43 villageoises.

37. J'ai compté 48 battements de pouls ou 48 secondes entre un éclair et le bruit du tonnerre, sachant que chaque seconde vaut 337 mètres 177 millimètres d'éloignement, je demande à

comblen de mètres est le nuage d'où sort cette explosion.

DIVISION.

DÉFINITION. — 1. *La division est une opération par laquelle étant donné le produit de deux facteurs, l'un étant connu, on cherche l'autre.*

Ainsi, diviser 12 par 3, c'est chercher un nombre qui, étant multiplié par 3, donne 12 au produit.

2. Le produit des deux facteurs, qui est le premier nombre, se nomme *dividende*, c'est-à-dire, nombre qui doit être divisé.

Le facteur connu qui est le second nombre, s'appelle *diviseur*, c'est-à-dire, nombre par lequel on divise.

Et le nombre cherché ou le résultat de l'opération se nomme *quotient*, mot qui signifie le nombre de fois que le premier nombre contient le second.

Le dividende et le diviseur pris simultanément portent le nom commun de *termes de la division*.

3. *Il peut se présenter trois cas dans la division :*

1° *Le dividende peut être plus grand que le diviseur, et alors le quotient est plus grand que l'unité.*

2° *Les deux termes peuvent être égaux, et dans ce cas le quotient égale l'unité.*

3° *Le dividende peut être plus petit que le diviseur, et alors le quotient est plus petit que l'unité.*

Lorsque l'on opère sur deux nombres entiers tels que le premier soit plus grand que le second, la division a pour but de chercher combien de fois un nombre en contient un autre.

Lorsque le dividende est plus faible que le diviseur, le quotient exprime à quelle partie du diviseur le dividende équivaut.

Il peut arriver 1° *que le diviseur soit un*

6.

nombre d'un seul chiffre, et que le dividende ne surpasse pas dix fois le diviseur.

2º Que le dividende soit un nombre de plusieurs chiffres, et le diviseur un nombre d'un seul chiffre.

3º Que le dividende et le diviseur soient chacun de plusieurs chiffres.

Le premier cas peut s'effectuer par l'addition, la soustraction, la multiplication ou la table de Pythagore.

Par l'addition et la soustraction on obtient le quotient, en comptant le nombre de fois que l'on a ajouté le diviseur à lui-même, ou qu'on l'a retranché successivement du dividende pour avoir le nombre le plus rapproché du dividende qui contienne le diviseur. *Exemple 8 : 2.*

Par l'addition. $8 = 2 + 2 + 2 + 2$

Par la soustraction. $8 - 2 = 6 - 2 = 4 - 2 = 2 - 2 = 0$

Par la multiplication. $2 \times 1 = 2$

$$2 \times 2 = 4$$
$$2 \times 3 = 6$$
$$2 \times 4 = 8$$

Par abréviation on se sert de préférence de la table de Pythagore. 8 : 2 = 4.

Deuxième cas. — Nombre de plusieurs chiffres par un nombre d'un seul.

RÈGLE. — *On pose le diviseur sous le dividende, et en allant de la gauche vers la droite, on divise successivement chaque chiffre du dividende par le chiffre du diviseur, ayant soin à chaque division partielle de retenir les unités restantes pour les ajouter au dividende partiel suivant.*

Soit : 834 : 6   autre : 76189 : 9

Dividende.	834		*Dividende.*	76189
Diviseur.	6		*Diviseur.*	9
Quotient.	139		*Quotient.*	8465
			Reste.	4

DÉMONSTRATION.

Troisième cas. — *Exemple* 66402 : 186.

RÈGLE GÉNÉRALE. — *Pour diviser deux nombres entiers quelconques l'un par l'autre, on écrit le diviseur à la droite du dividende dont* on le sépare par un trait vertical, et l'on souligne le diviseur par un trait horizontal, pour le séparer du quotient qu'on écrit au dessous.

On prend sur la gauche dans le dividende, pour former un premier dividende partiel, autant de chiffres qu'il en faut pour contenir le diviseur, et l'on cherche combien de fois le diviseur est contenu dans ce premier dividende partiel.

On écrit le chiffre obtenu à la place indiquée pour le quotient ; on multiplie le diviseur par ce chiffre, et l'on soustrait le produit du dividende partiel.

A la droite du reste, on écrit le chiffre suivant du dividende, ce qui donne un second dividende partiel, sur lequel on opère comme sur le premier.

On continue ainsi l'opération jusqu'à ce qu'on ait abaissé successivement tous les chiffres du dividende, en ayant soin, à chaque division partielle, d'écrire le quotient à la droite du dernier chiffre obtenu.

Au lieu de faire le produit entier du diviseur par chaque chiffre du quotient, de le poser sous le dividende partiel correspondant, et de faire la soustraction, on fait les deux opérations d'un seul coup, en retranchant successivement chaque chiffre de ce produit partiel de son correspondant dans le dividende partiel sur lequel on opère.

<table>
<tr><td colspan="2" align="center">Procédé ordinaire.</td><td colspan="2" align="center">Méthode abrégée.</td></tr>
<tr><td>664.02</td><td>186</td><td>66402</td><td>186</td></tr>
<tr><td>558</td><td>357</td><td>1060</td><td>357</td></tr>
<tr><td>1060</td><td></td><td>1302</td><td></td></tr>
<tr><td>930</td><td></td><td>0000</td><td></td></tr>
<tr><td>1302</td><td></td><td></td><td></td></tr>
<tr><td>1302</td><td></td><td></td><td></td></tr>
<tr><td>0000</td><td></td><td></td><td></td></tr>
</table>

On s'assurera que le chiffre que l'on vient d'écrire au quotient n'est pas trop fort, lorsque le produit partiel pourra se retrancher du dividende partiel, et qu'il n'est pas trop faible, si le reste n'est ni égal au diviseur ni plus grand.

Preuve. — 4. Pour faire la preuve de la division *on multiplie le quotient par le diviseur, on ajoute ensuite au produit le reste de la division s'il y en a un, et si la somme est égale au* dividende, *l'opération a été bien faite;* le diviseur et le quotient étant considérés comme les deux facteurs d'une multiplication dont le dividende est le produit.

5 *Si le reste d'une division partielle, joint au chiffre suivant du dividende, ne représente pas le diviseur, on écrit un zéro au quotient, et l'on descend le chiffre suivant du dividende, et ce chiffre réuni à celui qui avait déjà été descendu, forme le nouveau dividende partiel.*

Soit 2442 à diviser par 6.

Autre exemple :

$$
\begin{array}{r|l}
24.42 & 6 \\
0\ 42 & \overline{407} \\
0 &
\end{array}
\qquad
\begin{array}{r|l}
8.036 & 4 \\
0\ 036 & \overline{2009} \\
0 &
\end{array}
$$

Voici quelques cas particuliers qui peuvent embarrasser quelquefois les élèves :

1° Soit à diviser 646.000 par 85

$$
\begin{array}{r|l}
646.000 & 85 \\
51\ 0 & \overline{7600} \\
00\ 000 &
\end{array}
$$

2º Soit à diviser 500.324 par 2500

```
500З.24 | 2500
0003.24 | 200
```

Souvent, en comparant le premier chiffre du diviseur avec le premier ou avec les deux premiers chiffres du dividende partiel, on trouvera, à première vue, un quotient partiel trop fort et qu'il faudra réduire d'une ou de plusieurs unités. On sera exposé à cela, et l'on devra s'en défier, surtout lorsque le premier chiffre du diviseur sera notablement inférieur à ceux qui le suivent sur la droite. Pour éviter, autant que possible, les tâtonnements, on fera, par la pensée, la multiplication des deux premiers chiffres du diviseur par le quotient présumé, pour voir l'effet que produirait cette multiplication sur les plus fortes unités du dividende. Voici deux exemples de ces cas :

Premier exemple : Soit à diviser 5044 par 52.

Autre exemple :

```
504.4 | 52          971.19 | 297
 36 4 | 97          080 1  | 327
 00 0 |              20 79  |
                     0 00
```

6. Il est souvent utile de savoir à l'avance de combien de chiffres se composera le quotient.

Voici un principe invariable :

Le nombre des chiffres du quotient est égal au nombre de chiffres plus un, qui reste au dividende, à la droite du premier dividende partiel.

Ce principe est facile à démontrer. En effet : nous avons dit qu'on met un zéro au quotient toutes les fois que le reste d'une division partielle joint à un nouveau chiffre du dividende ne renferme pas le diviseur ; donc il y aura au quotient, soit en zéros, soit en chiffres significatifs, autant de chiffres qu'il en reste à la droite du premier dividende partiel, et de plus le chiffre qu'a donné ce premier dividende ; c'est-à-dire qu'il y aura autant de chiffres au quotient que l'opération exige de divisions partielles.

MANIÈRE DONT CROÎT ET DÉCROÎT LE QUOTIENT PAR RAPPORT AUX DEUX TERMES DE LA DIVISION.

7. Le quotient croît et décroît exactement

dans le même rapport que le dividende, et inversement comme le diviseur.

Premier cas. Si l'on rend le dividende 2, 3, 4..., etc., fois plus grand ou plus petit, le quotient deviendra 2, 3, 4..., etc., fois plus grand ou plus petit.

En effet, comme le dividende contient le diviseur comme le quotient contient l'unité, en rendant ce premier terme un certain nombre de fois plus grand ou plus petit, le quotient deviendra le même nombre de fois plus grand ou plus petit.

Deuxième cas. Si l'on rend au contraire le diviseur un certain nombre de fois plus grand ou plus petit, le quotient devient le même nombre de fois plus petit ou plus grand, parce que le dividende étant le produit de deux facteurs, et ne changeant point, si l'un de ces facteurs éprouve un changement en plus ou en moins, il faut que l'autre facteur subisse un changement en sens contraire, pour que le dividende reste le même.

Troisième cas. Il résulte de ces deux prin-

cipes que l'on n'altère pas le quotient en multipliant ou en divisant les deux termes par un même nombre.

Il résulte de ce dernier principe que *lorsque le dividende et le diviseur ont à leur droite un certain nombre de zéros, on peut en supprimer un nombre égal de part et d'autre; car cela revient à diviser les deux termes par 10, 100, 1000, etc., et, en général, par la même puissance de dix* (1).

Exemple : soit 48000 à diviser par 1,600.

$$\begin{array}{c|c} 48000 & 1600 \\ \hline 00 & 30 \end{array}$$

Autre cas. Soit à diviser 6459 par 800.

On sait que le quotient ne change point en

---

(1) *On appelle puissance d'un nombre le produit de plusieurs facteurs égaux à ce nombre.* Quand un nombre se trouve 2, 3, 4, etc., fois facteur dans un produit, on dit qu'il est élevé à la deuxième, troisième, quatrième, etc., puissance.

On indique cette opération en écrivant au-dessus du nombre dont il s'agit, et un peu à droite, un chiffre nommé *exposant*, qui indique combien de fois ce nombre est facteur. Ainsi $2 = 2.2.2. = 8$ et la troisième puissance de 2; $10^5 = 10.10.10.10.10. = 100000$ est la cinquième puissance de 10.

divisant le dividende et le diviseur par un même nombre. 6459 divisé par 800, est la même chose que 64,59 divisé par 8 ; donc, *si le diviseur est terminé par 1, 2, 3... zéros, on les supprime et l'on sépare 1, 2, 3... chiffres sur la droite du dividende.*

8. Lorsque la division donne un reste, ce reste indique qu'il n'est pas possible de partager exactement le dividende en autant de parties égales qu'il y a d'unités dans le diviseur. On dit alors que le diviseur ne divise pas *exactement* le dividende, ou que le diviseur n'est pas un *diviseur exact* du dividende.

Il n'y a donc pas, dans ce cas, de nombre entier, qui, multiplié par le diviseur, reproduise le dividende. Le quotient obtenu diffère du véritable quotient cherché de moins d'une unité. On dit qu'il est exact à moins d'une unité près.

Soit, par exemple, 348 à diviser par 7.

$$\begin{array}{ll} 348 & 7 \\ 68 & 49 \\ 5 & \end{array}$$

L'opération donne au quotient 49 et pour reste 5. La division ne se fait pas exactement. Le quotient véritable, c'est-à-dire le nombre qui, multiplié par 7, donne pour produit 348, est compris entre 49 et 50, et par conséquent 49 est le quotient, à moins d'une unité près.

Pour exprimer la valeur exacte du quotient, on écrit à côté de la partie entière le reste, en indiquant par le second signe de la division, qu'il faut le diviser par le diviseur que l'on écrit au-dessous du trait horizontal.

Reprenons l'exemple ci-dessus.

$$\begin{array}{r|l} 348 & 7 \\ 68 & \overline{5} \\ 5 & 49 \\ & \overline{7} \end{array}$$

Pour aider à comprendre cet exemple, supposons qu'on donne 348 pommes à partager entre 7 enfants : chacun aura 49 pommes entières et il en restera 5. On commencera par en partager une en sept parties égales et l'on en remettra une à chacune d'eux; on les partagera toutes de la même manière et l'on remettra chaque fois une partie à chacun des enfants. Comme il y a cinq pommes, chacun d'eux recevra cinq fois la septième partie d'une pomme.

DIVISION DES NOMBRES DÉCIMAUX.

9. La division des nombres décimaux comprend trois cas :

1º *Il peut y avoir plus de décimales au dividende qu'au diviseur;*

2º *Il peut y en avoir autant de part et d'autre;*

3º *Il peut y en avoir plus dans le diviseur que dans le dividende.*

Dans le premier cas, on fait comme à l'ordinaire, et on sépare sur la droite du quotient autant de chiffres décimaux qu'il y en a de plus dans le dividende que dans le diviseur.

En effet, d'après l'un des principes démontrés précédemment, un quotient ne change point lorsque l'on rend les deux termes le même nombre de fois plus grands, d'où l'on conclut que l'on pourrait supprimer la virgule au diviseur, et l'avancer d'autant de rangs au dividende. Alors c'est comme si l'on avait un nombre décimal à diviser par un nombre entier, et en vertu du premier principe le quotient étant autant de fois plus grand ou plus petit que le dividende l'est lui-même, on aurait une valeur de 10, 100, 1000, etc., fois trop grande au quotient, en ne séparant pas sur sa droite un nombre de chiffres décimaux égal à l'excès de celui du dividende sur le diviseur.

Le second cas se démontre exactement d'après la même propriété.

Et enfin le troisième s'appuie encore sur cette propriété d'un nombre décimal que l'on peut ajouter à sa droite autant de zéros que l'on voudra, sans en changer la valeur. *On ajoutera donc autant de zéros au dividende qu'il y a de chiffres décimaux au diviseur.*

Pour compléter ce qu'il reste à dire de la

ivision des nombres décimaux, il faut ajouter u'à la droite du dernier reste on ajoutera un, eux, trois, etc., zéros, selon que l'on voudra btenir une, deux, trois décimales, etc., dans es deux derniers cas et dans le premier, ce néme nombre de décimales de plus.

PREMIÈRE REMARQUE. — Pour obtenir un uotient approché à moins d'un dixième, un entième, un millième, etc., près, il faut s'arrêter à la première, la deuxième, la troisième, etc., décimale.

En effet, il est évident que le quotient est compris entre le nombre obtenu et ce même nombre augmenté d'une unité du rang de la dernière décimale; donc il est plus grand que le nombre écrit au quotient et plus petit que ce même nombre augmenté de l'unité du dernier rang.

DEUXIÈME REMARQUE. — Pour avoir un quotient encore plus approché, on calcule le chiffre qui suit celui auquel on veut s'arrêter ; s'il est plus faible que 5, on conserve le dernier chiffre tel qu'on l'a trouvé. Et si, au contraire, il est plus grand que 5 ou égal à 5 avec accompagnement d'autres chiffres, il faut l'augmenter d'une unité de son rang; et l'on aura alors un quotient rapproché à moins d'une demi-unité du dernier rang.

10. *Pour diviser un nombre par 10, il suffit de séparer, par une virgule, un chiffre sur la droite de ce nombre; pour diviser par 100, on en séparera deux; pour diviser par 100, on en séparera trois. Les chiffres séparés deviennent des dixièmes, des centièmes, etc.*

Ainsi, le nombre 45 divisé par 10 donne 4,5, où l'on voit que chaque chiffre a une valeur dix fois moindre que dans le premier nombre.

D'abord le chiffre 4 exprimait 4 dizaines, maintenant il exprime 4 unités; le chiffre 5 exprimait 5 unités, il n'exprime plus que 5 dixièmes, par conséquent, le nombre 45 est divisé par 10.

11. *Lorsque le dividende ne contient pas le diviseur, on place d'abord au quotient un zéro suivi d'une virgule, pour exprimer qu'il n'y a*

pas d'entiers ; on *réduit le nombre à diviser en dixièmes en ajoutant un zéro ; si ce nouveau dividende ne contenait pas encore le diviseur, on mettrait un second zéro au quotient, puis on réduirait le dividende en centièmes en ajoutant encore un zéro, et on ferait l'opération comme à l'ordinaire.*

42. Il arrive souvent que la division continuée en décimales ne se termine pas ; dans ce cas, le quotient ne peut s'exprimer par un nombre décimal fini, mais on peut l'obtenir avec tel degré d'approximation qu'on voudra.

Soit, par exemple, à diviser 42 par 13.

```
 42        | 13
 30        |----------------
   40      | 3,230769  230769...
    100
     90
    120
      3
```

La division ne se termine pas et donne lieu à un quotient dans lequel les chiffres 230769 se reproduisent continuellement et périodiquement dans le même ordre.

13. Le sens de la question indique de quelle nature doit être le quotient : *trois cas se présentent :*

1° *Lorsque le dividende et le diviseur sont de même nature, le quotient est, soit un nombre abstrait, soit un nombre concret, mais d'une nature différente de celle du dividende.*

Le quotient n'est abstrait que lorsqu'il s'agit de partager le dividende en un certain nombre de parties, chacune égale au diviseur.

2° *Lorsque le dividende et le diviseur ne sont pas de même nature, le quotient est de la nature du dividende.*

3° *Quelquefois le dividende, {le diviseur et le quotient sont de même nature.*

Exemple du premier cas.

On demande combien de fois le nombre 25 est contenu dans 1000.

En divisant 1000 par 25, on trouve qu'il y est contenu 40 fois.

Exemple du deuxième cas.

Si 60 mètres coûtent 180 fr., à combien reviendra le mètre ?

Raisonnement : Puisque 60 mètres coûtent 180 fr., un mètre coûtera 60 fois moins; on voit qu'en divisant 180 par 60, le quotient 3 fr. est de la nature du dividende.

Exemple du troisième cas.

Une marchande de bonbons en a vendu un jour pour 12 fr., elle a fait un gain de 3 fr.; une autre fois elle en a vendu pour 6 fr. Déterminez son gain proportionnellement à la première vente ?

Raisonnement : Si sur 12 fr. elle gagne 3 fr., sur 1 fr. elle gagnera 12 fois moins. Or, divisant 3 fr. par 12 fr., la réponse à 0,25 démontre clairement que le dividende, le diviseur et le quotient sont de même nature. Continuant l'opération, on trouve qu'en répétant 6 fois nombre 25 cent., le produit 1 fr. 50 sera le gain de la vente.

REMARQUE. — On commence la division par la gauche, parce que le dividende étant la somme d'autant de produits partiels qu'il doit y avoir de chiffres au quotient, et chacun de ces produits partiels renfermant généralement des unités du dernier ordre du produit partiel précédent, il en résulte que les unités de la même classe étant confondues ensemble, il est impossible de séparer chaque produit partiel, ce qu'il faudrait faire pour commencer l'opération par la droite.

$$
\begin{array}{r|l}
8293 & 35 \\ \cline{2-2}
129 & 236 \\
243 & \\
33 & \\
\end{array}
$$

$$8293 - 35 \times 200 = 7\,0/_0\,0$$
$$+\ 35 \times 30 = 1\,0\,5/0$$
$$+\ 35 \times 6 = \ \ \ 2\,1\,0$$
$$+\ \ldots\ldots\ldots\ \ \ \ \ \ 3\,3$$
$$\overline{\ \ \ \ \ \ \ \ \ \ \ \ \ \ 8\,2\,9\,3}$$

14. Voici les principaux usages de la division. Elle sert 1° *à découvrir combien de fois une*

quantité est contenue dans une autre ; 2° à partager un nombre en autant de parties égales que l'on veut ; 3° à trouver la valeur d'une chose quand on connaît le prix total de plusieurs ; 4° à convertir les unités d'une certaine espèce en unités d'une espèce supérieure ; 5° à prouver l'exactitude de la multiplication.

Pour faire la preuve de la multiplication par la division, il faut diviser le produit par l'un des facteurs ; le quotient devra être égal à l'autre facteur.

QUESTIONNAIRE.

1. Qu'est-ce que la division ?

2. Qu'appelle-t-on dividende, diviseur et quotient ?

3. Combien peut-il se présenter de cas dans la division et comment opère-t-on dans ces différents cas.

4. Comment se fait la preuve de la division ?

5. Comment fait-on la division si le reste d'une division partielle, joint au chiffre suivant du dividende, ne représente pas le diviseur ?

6. Comment peut-on connaître combien de chiffres il doit revenir au quotient ?

7. De quelle manière croît et décroît le quotient dans la division ?

8. Comment exprime-t-on la valeur exacte du quotient?

9. Combien de cas comprend la division des nombres décimaux, et comment opère-t-on dans ces divers cas?

10. Comme divise-t-on un nombre par dix, par cent, par mille, etc. ?

11. Comment fait-on quand le dividende ne contient pas le diviseur?

12. Qu'est-ce qu'une division à quotient périodique?

13. De quelle nature est le quotient d'une division ?

14. Quels sont les usages de la division ?

EXERCICES SUR LA DIVISION.

Diviser :			Diviser :		
54	par	2	1749708	par	2371
6325		5	1323416		5032
1755		3	265298		778
536		4	65481		897
1456	par	8	10404	par	4
2142		6	49632		33
40376		7	723303		903
31608		9	1296110		185
151914	par	21	65100	par	217
232848		54	922482		293
60605		85	2508600		678
41328		72	82459956		1308

Diviser :

86058	par 78	4730	par 10
323796	132	8181400	700
12744	236	3949000	1000
29616	647	8900	100

25116	par 483	168000	par 3500
210335	295	2175360	7040
1'5058	57	4914000	1800
189152	196	17248000	5600

444444444444444 par 44444
494400004441001   567094

45	par 4500	14,88	par 47,2
2	9454	17	25
1	0,1	3,348	15,8
2	0,125	4,	8
0,002	0,45431		

816,51	par 17,	0,4804	par 13,4
46,5093	9,3	5,	16
1496,583	29,7	2,603	49
55,11044	2,03	23,	32

Evaluer le quotient de

2,9	par 7,47	à 0,1	près.
0,896	0,00201	à 0,01	
2,	519,	à 0,001	
3,09	64	à 0,01	

Evaluer le quotient de

25	par	39	à	0,01	près.
2		10	à	0,001	
3		7	à	0,01	
17		43	à	0,001	

2,061	par	0,57	à	0,1	près.
0,02		0,5	à	0,01	
5,318		12,8	à	0,01	
40,7		90,8	à	0,001	

3,40567	par	0,039	à	0,01	près.
0,46		0,854	à	0,1	
478,		403,27	à	0,001	
43,047		2,53698	à	0,001	

PROBLÈMES.

1. Quel est le nombre qui, multiplié par 307, donne 75215 ?

2. Combien de fois 126 est-il contenu dans 8568 ?

3. 10573 est le produit du facteur 109 par un autre facteur inconnu : quel est ce dernier facteur ?

4. Quelle est la 54ᵉ partie de 432 ?

5. Il s'agit de partager 4000 en 32 parties égales. Faire connaître une de ces parties.

6. On demande un nombre 17 fois plus petit que 731 ?

7. 135 peupliers ont été vendus 2430 fr. : combien coûte chaque peuplier ?

8. Combien 10585 francs de revenu par an font-ils par jour ?

9. Une petite fille veut partager également à ses trois sœurs les perles de son collier, dont le nombre s'élève à 141. Combien revient-il de perles à chacune des sœurs ?

10. Combien il y a-t-il d'heures dans 420 minutes et de minutes dans 540 secondes ?

11. Un homme dépense 804 fr. par an : combien dépense-t-il par mois ?

12. 5 négociants se sont associés et ont gagné 14365 fr. : on demande la part du gain de chaque associé ?

13. Un oncle laisse la moitié de son bien à 6 neveux, et l'autre moitié à 2 nièces : quelle part revient-il à chacun, en supposant la fortune de l'oncle de 65184 fr. ?

14. On paie 605 fr. pour l'impression d'un

ouvrage de 11 feuilles : on veut savoir à combien revient la feuille ?

15. Un homme a fait 162 mètres d'ouvrage en 9 jours : combien en a-t-il fait par jour ?

16. Un particulier a pris dans l'exploitation d'une mine 37 actions, dont le montant s'élève à 18500 fr. : faire connaître le montant de chaque action ?

17. Une personne a 1095 fr. de revenu : combien peut-elle dépenser par jour ?

18. On a payé 2043 fr. pour un certain travail à une troupe d'ouvriers, qui ont reçu chacun 109 fr. : quel était le nombre de ces ouvriers ?

19. Une mère achète un panier de cerises qu'elle partage également à ses six enfants : dire combien de cerises il revient à chaque enfant, sachant que le panier en contenait 138.

20. Un chapelier a fourni à un correspondant 696 chapeaux, qu'il a expédiés par 8 envois égaux : dire combien de chapeaux le correspondant a reçus chaque fois ?

21. Un maréchal a ferré les chevaux d'un régiment, et demande à être payé ; mais il a

oublié de compter les chevaux; tout ce qu'il se rappelle, c'est qu'il a mis 32 clous à chaque cheval, et qu'il a employé en tout 13050 clous : d'après cela, trouver le nombre de chevaux du régiment ?

22. L'édition d'un ouvrage a été tirée à 2500 exemplaires pour une somme de 500324 fr.: quel est le prix de chaque exemplaire ?

23. On demande combien il y a de pièces de 20 fr. dans 3600 fr. ?

24. Combien y a-t-il de jours dans 18792 heures ?

25. Combien fera-t-on de rideaux avec 200 pièces de calicot contenant chacune 55 mètres, en employant 10 mètres par rideau ?

26. On veut charger 68310 sacs de café sur plusieurs bâtiments : on demande combien il en faudra, si chaque bâtiment porte 990 sacs ?

27. On a acheté, dans une maison d'éducation, 127 rames de papier pour la somme de 3566 fr. 50 cent. : à combien revient la rame ?

28. On a acheté dix douzaines de canifs pour 72 fr. : on demande à combien revient chaque canif ?

29. Un père dit à son fils : vous passerez six mois à Paris, et je vous donne pour votre dépense 1275 fr. : combien a-t-il à dépenser par jour ?

30. Dans une main de papier il y a vingt-cinq feuilles, et il faut vingt mains de papier pour faire une rame : ces notions connues, un homme a acheté une rame de papier, le prix de la rame est de 5 fr. : on demande combien il devrait vendre chaque feuille de papier pour ne pas y perdre ?

31. Sur la somme de 8725 fr., 14 négociants ont pris chacun 260 fr.; 45 commis se partagent le reste : quelle sera la part de chacun de ces derniers ?

32. 100 volumes ont coûté à un homme 75 fr.; en les revendant il a gagné 10 fr.; on demande : 1º combien avait coûté chaque volume; 2º combien il a revendu chacun ?

33. Un autre avait acheté 70 volumes pour 105 fr.; il veut gagner 17 fr. sur ce marché : combien faudra-t-il qu'il vende chaque volume ?

34. On a imposé à la ville une contribution de 697 mille 38 fr. 67 cent. : on demande

combien devra payer chaque habitant, en supposant qu'ils soient 24639 ?

35. 37 peupliers ont été vendus 820 fr. : on demande, à un centime près, combien ils ont dû être vendus chacun ?

36. On demande combien 34560 minutes font de jours ?

37. Un payeur a donné en paiement à un homme un sac contenant 3750 centimes : on veut savoir combien cet homme a reçu de francs ?

38. 780 transparents ont été payés, chez un imprimeur, 15 fr. 60 cent. : on demande combien il faudra les vendre pour n'y pas perdre ?

39. Mais on les vend en somme 21 fr. : combien les aura-t-on vendus chacun ?

40. Une femme a acheté 125 douzaines d'œufs; le tout lui coûte 30 fr. 48 cent. ; : à combien lui revient chaque œuf ?

41. Dans un paiement on a donné 3789 fr. en pièces de 0 franc 50 cent. : combien y en avait-il ?

42. Un fermier doit en redevance à son maître 12 douzaines de poulets, il vient lui

offrir en échange 110 fr. 90 cent. : combien estimait-il chacun de ses poulets ?

43. On a acheté 100 chemises de laine, 455 fr. : quel est le prix de chaque chemise ?

44. Le balancier d'une pendule frappant 60 coups par minute : combien de jours lui faudra-t-il pour frapper 365225 coups ?

45. Une femme de journée a travaillé pendant 2 semaines, ou 12 jours; elle travaille 9 heures par jour; on lui a donné 15 fr. : on demande combien elle gagnait par jour, et combien elle était payée par heure ?

46. Un propriétaire fait mettre des espaliers dans son jardin; il a pour 45 fr. de patefiches; le jardinier lui dit qu'elles ont coûté 0,15 centimes; le maître pour s'assurer qu'on ne l'a point trompé, compte les patefiches : combien doit-il en avoir ?

47. 16 douzaines d'assiettes ont été vendues 33 fr. 25 cent. : on demande le prix de chaque assiette ?

48. Un libraire a acheté 587 catéchismes, pour 205 fr. 45 cent. : à combien lui revient chaque exemplaire ?

49. Mélanie, au premier de l'an, garde 125 fr. pour les pauvres du village; à Pâques, elle obtient pour eux de ses cousines 105 fr.; de son oncle, 55 fr.; enfin de sa mère, 85 fr.; elle conserve ce petit trésor jusqu'à l'hiver, époque où elle le distribue à 35 familles : combien chacune d'elles reçoit-elle ?

50. Six douzaines de foulards ont été payées par une marchande 543 fr. 60 cent. : combien doit-elle vendre chaque foulard pour gagner 65 fr. 80 cent ?

51. Un ouvrage de 8 feuilles in-12 coûte à imprimer au nombre de 1000 exemplaires :

1. Pour l'imprimeur,   525 fr. 40 c.
2. Pour le papetier,   168
3. Pour le satineur,   30   20
4. Pour le brocheur,   10   15

A combien revient l'exemplaire ?

52. Une jeune personne paie par an dans une institution : 1° pour sa pension, 750 fr.; 2° pour la musique, 120 fr.; le dessin, 100 fr.; frais accessoires, 85 fr.; enfin menus plaisirs, 125 fr. : combien dépense-t-elle par jour à sa famille ?

53. Une demoiselle avait à faire 1 mètre 50 cent. de broderie dans 25 jours : on demande combien elle en doit faire par jour et par heure, si elle travaille 6 heures par jour ?

54. 108 volumes ont coûté 121 fr. 60 c.; on en a donné 12 aux pauvres. et vendu 12 autres à 0 fr. 50 c. : combien faut-il vendre les autres pour gagner 14 francs sur ce petit marché ?

55. 271 volumes coûtent 725 fr. 40 cent.; en les revendant, on a gagné 98 fr. 50 cent. : combien a-t-on payé chaque volume et combien a-t-on gagné par volume ?

56. Deux rames de beau papier ont coûté 18 fr. 50 cent. la rame et 0 fr. 05 de transport : à combien revient la feuille, la rame étant de 20 mains et la main de 25 feuilles ?

57. Un marchand achète d'une part 185 mètres 75 cent. de drap à 25 fr. 85 cent.; d'autre part, 85 mètres 45 cent. du même drap à 28 fr. 75 cent.; il a 18 fr. 50 de frais de port : combien doit-il vendre chaque mètre pour gagner sur le tout 618 fr. 85 cent. ?

58. Combien coûteront 325 mètres, si 89 sont payés 100 fr. ?

SYSTÈME MÉTRIQUE

Notions générales.

1. *Mesurer une quantité quelconque, c'est trouver le rapport qui existe entre cette quantité et une autre quantité de même nature prise pour unité.*

2. *Une mesure est une quantité dont la grandeur est bien connue et que l'on compare avec d'autres quantités pour bien connaître la grandeur de ces dernières.*

Lorsque la mesure que l'on prend est arbitraire, on arrive à des valeurs variables, ce qui entraîne à de graves inconvénients, puisque les nombres qui expriment les quantités que l'on veut mesurer varient autant de fois que l'on change de mesure.

C'est pour éviter ces inconvénients que les géomètres ont rapporté toutes les évaluations des diverses quantités usuelles à une seule et même unité d'où dérivent toutes les autres mesures; car le grand nombre de mesures qui existaient autrefois excitait souvent des divisions. Il en résultait des fraudes et de fâcheux événements, au lieu que des mesures uniformes sont un sûr garant de fidélité et d'union entre les peuples, et la cause de la prospérité du commerce.

Moïse, en donnant des lois aux Hébreux, avait dit : *Vous n'aurez qu'un poids juste et véritable, et il n'y aura chez vous qu'une mesure qui sera la véritable et toujours la même*, Deutéronome, ch. 25, v. 18.

3. *Le système féodal*. Charlemagne avait établi l'uniformité des poids et mesures dans son vaste empire; mais plus tard la puissance des seigneurs devint si grande, que plusieurs s'arrogèrent le droit de battre monnaie, et à plus forte raison avaient-ils des mesures d'un usage personnel. Plusieurs en abusèrent et se servirent de *plus petites* pour vendre et de *plus grandes* pour acheter. Et ce fut en vain que *Philippe-le-Long*, *Louis XI*, *François Ier*, *Henri II*, *Henri III et Louis XV* promulguèrent plusieurs édits, car la mort de ces princes vint toujours anéantir leur entreprise.

4. En 1792, *MM. Delambre et Méchin furent*

chargés de mesurer le méridien depuis Dun-
kerque jusqu'à Barcelone, et d'autres savants
ayant continué ce travail, il fut reconnu, par
cette expérience faite avec beaucoup de soin,
que le quart du méridien était de 5-130-740
toises.

Ce nombre divisé par 10-000-000 donne pour
quotient 3 pieds, 0 pouce, 11 lignes, 296 millièmes de ligne environ.

Cette longueur fut appelée *mètre* du grec
metron, qui signifie *mesure*.

Des ouvriers habiles furent chargés par le gouver-
nement de confectionner, sous la direction d'une
commission de savants, des mètres en platine, de la
plus grande exactitude.

Ce métal fut choisi de préférence aux autres, parce
qu'il est moins sujet aux changements de température.

Deux de ces mètres ont été déposés aux archives
de l'État, où ils sont gardés dans un meuble spécial,
comme modèles ou *étalons*. D'autres, de divers métaux, ont été déposés dans les départements, pour
servir de règles *aux vérifications des poids et mesures*,
et d'après une loi du 4 juillet 1837, tous les Français
ont été astreints à ne se servir que des mesures nouvelles.

**5. *Le système métrique est l'ensemble des
nouvelles mesures qui ont le mètre pour base.***

6. Le mot système a pour signification étymologique *composition avec*. Par conséquent, il signifie ici *un ensemble de diverses mesures qui ont toutes entre elles un lien commun.*

7. Les nouvelles mesures présentent sur les anciennes trois avantages principaux, *savoir :*

1° *Elles dérivent toutes d'une seule et même mesure, tandis qu'auparavant, les diverses mesures n'avaient aucun rapport entre elles.* Ainsi, par exemple, la toise n'avait rien de commun avec la livre poids, etc.

2° *Les mesures métriques suivent toutes la loi décimale ; elles n'introduisent donc aucun calcul nouveau dans les opérations.*

Les mesures anciennes, au contraire, avaient chacune leurs subdivisions particulières, ce qui entraînait des opérations fort compliquées sur des nombres complexes.

3° *Les mesures métriques peuvent être considérées comme invariables, puisqu'elles sont basées sur la mesure de la terre dont le volume reste constant.* Ainsi, quand bien même on viendrait à perdre l'étalon qui donne la longueur du mètre, on pourrait retrouver cette mesure.

Au contraire, pour les anciennes mesures, comme elles ne se rattachaient à rien, si on avait perdu les principales, il aurait fallu en adopter arbitrairement de nouvelles.

8. *Le mètre est une longueur égale à la quarante millionième partie du méridien terrestre.*

Le méridien terrestre est une ligne fictive qui entoure la terre dans le sens des pôles.

REMARQUE. On donne à cette ligne le nom de méridien, parce qu'il est midi en même temps pour tous les peuples situés sur cette ligne dans le même hémisphère.

On appelle axe de la terre le diamètre autour duquel s'exécute son mouvement de rotation; et les deux extrémités de ce diamètre s'appellent pôles.

Le nom d'équateur vient de ce que pour tous les points de ce cercle, les jours sont égaux aux nuits.

La terre a à peu près la forme d'une sphère, c'est-à-dire qu'elle présente un léger aplatissement vers les pôles.

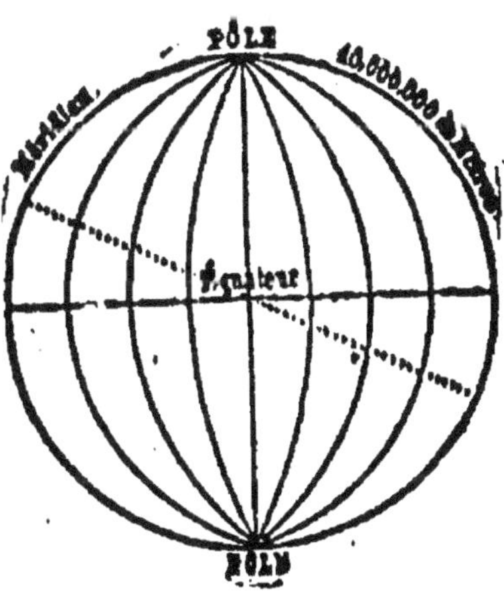

8.

0. Il y a six unités principales qui sont :

Le *mètre*, pour les longueurs ;

Le *mètre carré* pour les surfaces ;

On se sert du décamètre carré, appelé *are*, pour les mesures agraires ;

Le *mètre cube*, pour les volumes; il porte le nom de *stère* quand il s'agit de bois de chauffage ;

Le *litre*, pour les liquides et pour les matières sèches ;

Le *gramme*, pour les poids ;

Le *franc*, pour les monnaies.

Pour former les multiples, on fait précéder le nom de l'unité principale des mots :

	Myria.	Kilo.	Hecto.	Déca.
qui signifient	10000	1000	100	10

Pour les subdivisions ou sous-multiples, on emploie les mots (1) :

	Déci.	Centi.	Milli.
qui signifient	dixième	centième	millième.

(1) On appelle sous-multiple un nombre qui se trouve compris plusieurs fois exactement dans un nombre plus grand.

3 est un des sous-multiples de 12.

Remarque. — Il ne faut pas oublier que tous les exercices que l'on fait sur les nombres abstraits peuvent s'appliquer également aux unités du système métrique.

11. *On appelle le nouveau système,* Système métrique, *parce que le mètre en est la base.*

Décimal, *parce que ses multiples et sous-multiples croissent et décroissent de dix en dix.*

Légal, *parce qu'il est prescrit par la loi.*

12. *L'are dérive du mètre,* puisqu'il est un carré qui a dix mètres sur chaque côté et cent mètres de superficie;

Le *stère dérive du mètre,* puisqu'il est un mètre cube;

Le *litre dérive du mètre,* puisqu'il est la capacité d'un cube d'un décimètre de côté;

Le *gramme dérive du mètre,* puisqu'il est le poids absolu d'un centimètre cube d'eau distillée;

Le *franc, enfin, dérive du mètre,* puisqu'il pèse cinq grammes, et que le gramme est basé sur le *mètre.*

13. *La longueur du mètre est à peu près celle du bâton sur lequel s'appuie le voyageur,*

QUESTIONNAIRE.

1. Qu'est-ce que mesurer ?

2. Qu'est-ce qu'une mesure ?

3. Qu'est-ce qui donna lieu à la pluralité des mesures en France, et nommez les rois qui ont conçu le projet d'un système de mesures uniformes.

4. Depuis quand a-t-on adopté une mesure unique ?

5. Qu'est-ce que le système métrique ?

6. Que veut dire le mot système ?

7. Quels sont les trois avantages que présentent les nouvelles mesures ?

8. Qu'est-ce que le mètre ?

9. Quelles sont les six unités principales du système métrique ?

10. De quels mots fait-on précéder l'unité principale pour former ses multiples et ses sous-multiples ?

11. Pourquoi ce système est-il appelé métrique, décimal et légal ?

12. Comment toutes les mesures dérivent-elles du mètre ?

13. Quelle idée vous faites-vous de la longueur du mètre ?

Mesures linéaires ou de longueur.

1. On appelle *mesures linéaires ou de longueur* celles dont on se sert pour mesurer l'é-

tendue considérée comme ligne, telles que la longueur d'une pièce d'étoffe, la taille d'un homme, la longueur d'une route, l'épaisseur d'un mur, etc.

2. *Les multiples du mètre sont :*

Le décamètre, qui égale . . 10 mètres.

L'hectomètre 100

Le kilomètre 1000

Le myriamètre 10000

3. *Les sous-multiples du mètre sont :*

Le décim. qui égale la 10e partie du m.

Le centimètre . . . ' 100e

Le millimètre . . . 1000e

Pour donner une idée juste d'un décimètre, nous dirons que la largeur de la main d'un homme est à peu près la longueur d'un décimètre.

L'ongle du doigt auriculaire est d'un centimètre.

Le diamètre d'une épingle est à peu près d'un millimètre.

4. *Le mètre sert pour les longueurs ordinaires*, par exemple, pour la mesure des étoffes, des planches, des feuilles de papier, etc.

Le décamètre sert de côté pour le carré de l'unité des surfaces agraires.

L'hectomètre est usité pour les allées de jardin, de parc, etc.

Le kilomètre s'emploie pour les mesures itinéraires (1) et les distances géographiques. La lieue de poste équivaut à quatre kilomètres.

Le myriamètre s'emploie pour de très-grandes distances, telles que celles de Paris à Pékin, de Rome à Buénos-Ayres, etc., ou encore pour les distances planétaires.

Au-dessous du mètre :

5. *Le décimètre, le centimètre et le millimètre s'emploient pour la mesure des ouvrages de petites dimensions.*

Les dernières divisions s'emploient particulièrement pour les instruments de physique, entre autres les baromètres et thermomètres où l'on apprécie en millimètres les colonnes liquides renfermées dans les tubes de ces instruments ; et aussi pour la détermination du diamètre des monnaies.

6. *Pour énoncer et pour écrire les sous-mul-*

(1) Itinéraire vient d'un mot latin *itinera*, qui signifie routes et voyages.

tiples du mètre, on suit les mêmes règles que celles de la numération des décimales.

Les routes sont bornées de la manière suivante : des bornes principales marquent les kilomètres, d'autres intermédiaires et plus petites marquent les hectomètres, de cette manière :

1 2 3 4 5 6 7 8 9.   **1**=1/4 de lieue.
1 2 3 4 5 6 7 8 9.   **2**=1/2 lieue.
1 2 3 4 5 6 7 8 9.   **3**=3/4 de lieue.
1 2 3 4 5 6 7 8 9.   **4**=une lieue.

En marchant d'un pas régulier, un voyageur parcourt à l'heure cinq kilomètres, ou un demi-myriamètre.

On sait que 15 pas ordinaires font un décamètre, par conséquent 150 pas ordinaires font un hectomètre, etc., etc.

Une diligence chargée et qui n'a point éprouvé de retard se trouve avoir fait un myriamètre à l'heure, juste moitié plus de chemin qu'un homme.

Les wagons, avec la vitesse ordinaire, marchent 6 fois 1/2 plus vite qu'un homme.

Résumons par un exemple :

La longueur de la France, du Nord au Sud, est de 120 myriamètres, et sa largeur, de l'Est à l'Ouest, est de 110 myriamètres. La longueur sera parcourue par un homme en 240 heures, et sa largeur sera traversée en 220 heures ; soit par jour 12 heures de marche, le trajet sera fait en 20 jours, et dix-huit jours quatre heures. Une diligence mettrait autant d'heures que de myriamètres. Ils sont indiqués plus haut. Et le wagon qui va six fois et demie plus vite qu'un homme mettrait seulement 36 heures 55 minutes pour la longueur, et 33 heures 51 minutes pour la largeur.

Mesures effectives de longueur :

7. *On appelle mesure réelle ou effective celle qui existe réellement, et, au contraire, mesure de compte ou imaginaire, celle qui n'existe que dans la pensée.*

Les mesures *effectives* de longueur autorisées, sont :

1° *Le double décamètre*, mesure de 20 m. ;

2° Le *décamètre* (chaîne ordinaire d'arpenteur), mesure de dix mètres ;

3° Le *demi-décamètre*;

4° Le *double-mètre*;

5° Le *mètre*;

6° Le *demi-mètre*;

7° Le *double-décimètre*;

8° Le *décimètre*.

Ces mesures peuvent être établies dans la forme qui convient le mieux aux usages auxquels on les destine; voici les plus usitées :

1° Les *doubles-décamètres*, les *décamètres* et les *demi-décamètres*, formés en tiges de fer réunies par des anneaux ;

2° Les *doubles-mètres* en bois, divisés en décimètres et en centimètres.

Ces deux sortes de mesures sont particulièrement employées par les arpenteurs, les architectes et les ingénieurs.

3° Les *mètres en bois* en forme de règles plates ;

4° Les *mètres brisés* ou pliants, en bois, en baleine, en os, en ivoire, etc., sont formés de deux, de cinq ou de dix parties ;

5° Les mètres en forme de canne (dits *mètres-cannes*);

6° Les mètres dont se servent les marchands de drap, de toile, de ruban, etc., sont en forme de règle carrée ;

7° Les *demi-mètres* en bois sont d'une seule pièce ou brisés en deux parties et à charnières, pour la commodité des ouvriers ;

8° Les *doubles-décimètres* et les *décimètres* en bois, en cuivre, en ivoire, etc. ; il y en a de plats et de triangulaires ; ils sont divisés en centimètres et en millimètres ; il y en a aussi à charnières.

Les mesures en ruban, étant susceptibles de s'allonger ou de se rétrécir, ne sont pas autorisées.

Un myriamètre étant au quart du méridien ce qu'est un mètre par rapport au millimètre, il en résulte qu'un voyageur, qui parcourt un myriamètre, pour aller de l'équateur au pôle, fait en proportion le même chemin qu'un petit insecte qui rampe d'un millimètre le long d'un mètre.

QUESTIONNAIRE.

1. Qu'appelle-t-on mesures linéaires ou de longueur ?

2. Quels sont les multiples du mètre ?

3. Quels sont les sous-multiples du mètre ?

4. A quoi sert le mètre, le décamètre, l'hectomètre, le kilomètre et le myriamètre ?

5. A quoi servent les sous-multiples du mètre ?

6. Quelles règles suit-on pour énoncer et pour écrire les sous-multiples du mètre ?

7. Qu'appelle-t-on mesures effectives et quelles sont-elles ?

EXERCICES.

1. Dire ce que c'est que 50 centimètres relativement au mètre, — 25 centimètres relativement au mètre, — 10 centimètres relativement au mètre.

2. Dire combien le mètre vaut de centimètres, — le décamètre de décimètres, — de millimètres, l'hectomètre de centimètres, — de millimètres.

3. Dire combien le méridien terrestre vaut de mètres, — de kilomètres, — de myriamètres.

4. Dire ce que c'est que le mètre par rapport au myriamètre, le centimètre par rapport au

décamètre, le millimètre par rapport à l'hectomètre.

Enoncer 52693 mètres, 621405 mètres, 136040 mètres, 437589 mètres : 1º en myriamètres, kilomètres, hectomètres, décamètres, unités ;

2º En myriamètres, hectomètres, unités.

5. Enoncer 72900342 mètres 15 centimètres, 47589 mètres 25 cent., 32468 mètres 75 cent , 75705 mètres 05 cent., 60100 mètres 18 cent., 415120 mètres 02 cent., en myriamètres, kilomètres, hectomètres, décamètres, décimètres, centimètres.

6. Enoncer 4730 mètres 715 millimètres, 21914 mètres 026 millimètres, en kilomètres, décamètres, unités, centimètres, millimètres.

7. Ecrire en chiffres : 4 hectomètres, 6 décamètres, 4 unités .. — 41 kilomètres, 6 hectomètres, 9 décamètres .. — 14 kilomètres, 25 décamètres... — 6 kilomètres, 19 unités... — 150 hectomètres, 15 unités, 9 décimètres et 7 centimètres... — 150 hectomètres, 122 millimètres .. —·18 myriamètres, 29 hectomètres et 3 millimètres... — 6002 myriamètres, 4 unités et 10 millimètres.

Problèmes.

8. Si le mètre coûte 5 fr., combien coûtera chacune des unités suivantes : 1° un décimètre, 2° un centimètre, 3° un millimètre ?

9. Si un décimètre coûte 0 fr 50 cent., combien coûtera chacune des unités suivantes : 1° un mètre, 2° un centimètre, 3° un millimètre?

10. Dites quel sera le prix de l'hectomètre, du décamètre, du centimètre, si le kilomètre coûte 67 fr. 55 cent. ?

11. Combien coûteront 100 mètres, si 10 mètres coûtent 18 fr. 85 cent. ?

12. Un marchand a acheté 4 pièces de toile dont les longueurs suivent : 1° 84 mètres, 2° 90 mètres 25 cent., 3° 75 mètres 05 cent., 4° 864 mètres 6 décimètres : combien a-t-il acheté de toile en tout ?

13. D'une pièce de calicot de 85 mètres on a vendu 37 mètres 50 cent : combien en reste-t-il ?

14. Le contour d'une forêt est de 9 myriamètres 5 hectomètres; celui d'une autre est de 3 myriamètres 15 kilomètres 25 décamètres : quelle est,

on hectomètres, la différence de ces deux contours ?

15. A 3 fr. 75 cent. le mètre, combien coûteront 48 centimètres ?

16. On a payé la pièce d'étoffe de 80 mètres 144 fr. : à combien revient le mètre de cette étoffe.

17. Une personne à payée 32 fr. 40 cent. pour 3 mètres 6 décim. d'étoffe : à combien le mètre revient-il ?

18. Une modiste a acheté une pièce de ruban de 50 mètres pour 420 fr. : combien faut-il qu'elle vende le mètre pour gagner 20 fr.

19. Si la même modiste avait vendu une autre pièce de ruban de 300 mètres 50 cent. pour 182 fr. : quel serait son gain total si elle avait gagné 0 fr. 15 cent par mètre ?

20. Sur une route de 32 kilomètres, il y a deux rangées d'arbres placés à la distance les uns des autres de 5 mètres : combien y a-t-il d'arbres en tout ?

21. En 1843, la France n'avait que 913 kilomètres de chemins de fer ayant coûté 200 millions de fr. : à combien revient le kilomètre ?

22 Un cheval parcourt dans une minute, au pas ordinaire, 101 mètres, au trot 200 mètres, au galop 320 mètres; il fait 120 pas dans le premier cas, 180 dans le deuxième cas, et 200 dans le troisième cas. Faire connaître quel est dans ces trois cas la longueur du pas du cheval?

23. L'entretien et la surveillance de la voie d'un chemin de fer coûtent 4965 fr. par kilomètre et par an; les frais d'exploitation reviennent à 21713 fr., et l'on dépense 3132 fr. pour frais d'administration et autres : quelle est la dépense totale pour un chemin de fer de 132 kilomètres?

24. La lumière nous vient du soleil en 8 minutes 13 secondes, et parcourt dans ce temps environ 38000000 de lieues. On veut savoir quelle distance elle parcourt dans une seconde, ou, ce qui revient au même, quelle est sa vitesse par seconde?

Mesures de surface ou de superficie.

1. *On appelle mesures de surface ou de superficie celles dont on se sert pour évaluer*

l'étendue, considérée sous les deux dimensions, longeur et largeur.

2. On les divise en trois classes, savoir :

1° *Les mesures de superficie pour les surfaces peu étendues*, comme le pavé d'une salle, d'une église.

2° *Les mesures agraires.* Agraire vient du mot latin *agri*, qui signifie champ ; ce sont celles qui servent à évaluer la superficie des propriétés foncières, comme celle des champs, des prés, etc., etc.

3° *Les mesures topographiques.* Ce mot veut dire description d'un lieu ; ce sont celles qui servent à déterminer l'étendue d'un État, d'un département.

3. *L'unité de mesure pour les surfaces est, ou le mètre carré, ou un multiple, ou un sous-multiple du mètre carré.*

4. *Le mètre carré est un carré dont les côtés ont un mètre de longueur.*

5. *Le mètre carré sert à mesurer les petites étendues telles que la surface d'un toit, d'une cour, etc.*

6. *On appelle carré une figure de géométrie*

qui a quatre côtés égaux, quatre angles droits, comme on le voit dans la figure ci-dessous.

1	2	3	4	5	6	7	8	9	10
2									
3									
4									
5									
6									
7									
8									
9									
10									

DÉMONSTRATION. — En partageant ce carré en dix parties égales, on obtiendra dix rectangles ayant dix décimètres de longueur sur un décimètre de hauteur.

Puis décomposant ensuite chacun de ces rectangles en dix parties égales par des lignes parallèles menées par chaque point de division, chacun d'eux contiendra dix décimètres carrés ;

9.

donc les dix rectangles contiendront cent décimètres carrés.

On démontrerait de même que le décimètre
carré vaut cent centimètres carrés ; ainsi de
suite.

De là, lorsque l'on a une fraction décimale de
mètres carrés, il faut partager la partie décimale
en tranches de deux chiffres, en allant de gauche
à droite, pour obtenir les décimètres, centimètres
et millimètres carrés.

En effet 0,5 ; 0,05 ; 0,005 élevés au carré (1),
donnent 0,5 $\times$ 0,5 $=$ 0,25

       0,05 $\times$ 0,05 $=$ 0,0025

       0,005 $\times$ 0,005 $=$ 0,000025

DÉMONSTRATION.—Supposons que l'on veuille
savoir combien il y a de décimètres carrés, de
centimètres carrés et millimètres carrés dans le
nombre suivant :

$$4538 ^{m}.^{c}. 92136$$

1 mètre carré valant 100 décimètres carrés, la
partie décimale réduite en décimètres carrés et

______

(1) Un nombre est élevé au carré ou à la seconde
puissance quand il est multiplié par lui-même.

en fraction décimale de décimètre carré vaut

92ᵈ. ᶜ. 136

de même, un décimètre carré valant 100 centimètres carrés, la nouvelle partie décimale pour être convertie en centimètres carrés devra être rendue 100 fois plus grande; on aura donc 0,ᵈ. ᶜ. 136 = 13ᶜ. ᶜ. 6. Enfin, pour les millimètres, il faudra encore multiplier par 100 ce qui donne 60 millimètres carrés.

7. *Les multiples du carré sont :* le décamètre carré, l'hectomètre carré, le kilomètre carré et le myriamètre carré.

8. *Les sous-multiples du mètre carré sont :* le décimètre carré, le centimètre carré et le millimètre carré.

9. *Le décamètre carré est un carré de dix mètres de côté, renfermant 100 mètres de superficie.* C'est l'unité des mesures agraires appelé *are* (le seul sous-multiple de l'are est le centiare), c'est-à-dire un mètre carré.

10. *L'hectomètre carré est un carré de 100 mètres de côté et 10,000 mètres de superficie.* C'est le seul multiple de l'are appelé hectare.

11. *Le kilomètre carré est un carré de 1,000*

mètres de côté, et un million de mètres de superficie.

Le myriamètre carré est un carré de 10,000 mètres de côté ou 100 millions de mètres de superficie. Ces deux derniers multiples servent d'unités pour les mesures topographiques.

REMARQUE — Il ne faut pas confondre le décimètre carré avec la dixième partie du mètre carré ; le décimètre est contenu cent fois dans le mètre carré ; au lieu que la dixième partie n'y est contenue que dix fois et représente dix décimètres ; ce qui fera comprendre encore plus clairement qu'il faut deux chiffres pour représenter les décimètres, centimètres carrés, puisque chaque dixième de mètre carré vaut une dizaine de décimètres carrés.

REMARQUE. — Les hectares se comptent par dizaines, centaines, mille, etc. : ainsi on dit dix hectares, cent hectares, mille hectares.

Pour convertir en ares une surface exprimée en mètres carrés, il suffit d'avancer la virgule de deux rangs vers la gauche ; ainsi, 548 mètres carrés égalent 5 ares 48 centiares.

Quoique l'are soit cent fois plus grand que le mètre carré, il n'est cependant que dix fois plus long, puisque l'are a pour côté un décamètre.

Quoique l'hectare soit cent fois plus grand que l'are, il n'est cependant que dix fois plus long, parce que l'hectare a pour côté un hectomètre.

QUESTIONNAIRE.

1. Qu'appelle-t-on mesures de surface ou de superficie ?

2. Comment divise-t-on les mesures de superficie ?

3. Quelle est l'unité des mesures pour les surfaces ?

4. Qu'est-ce que le mètre carré ?

5. A quoi sert le mètre carré ?

6. Qu'appelle-t-on carré ?

7. Quels sont les multiples du mètre carré ?

8. Quels sont les sous-multiples ?

9. Qu'est-ce que le décamètre carré ?

10. Qu'est-ce que l'hectomètre carré ?

11. Qu'est-ce que le kilomètre carré, — le myriamètre carré ?

EXERCICES.

1. Dire ce qu'est le décimètre carré, par rapport au mètre carré ; — le mètre carré par rapport au décimètre carré ; — le centimètre carré par rapport au mètre carré ; — le décimètre carré par rapport au kilomètre carré ; — le centimètre carré par rapport au kilomètre carré.

2. Dire combien le décamètre carré vaut de mètres carrés ; — le décimètre carré de millimètres carrés ; — l'hectomètre carré de déci-

mètres carrés; — le kilomètre carré de décamètres carrés, de décimètres carrés.

3. Enoncer 123 mètres carrés 987654, en mètres carrés, décimètres carrés et millimètres carrés; 9 mètres carrés, 276900, en centimètres carrés et millimètres carrés.

4. Enoncer 1072598 mètres carrés, en décamètres carrés; 2° en hectomètres carrés; 3° en kilomètres carrés.

5. Enoncer 1671589, 2 en mètres carrés et millimètres carrés.

6. Poser 7 mètres carrés, 88 centimètres carrés..., 6 mètres carrés, 15 décimètres carrés, 9 centimètres carrés, 1 millimètre carré..., 2309 centimètres carrés, 4 décimètres carrés, 21 millimètres carrés.

7. Ecrire en chiffres 15 mètres carrés, 2 décimètres carrés, 910 millimètres carrés. — 20 mètres carrés, 8 décimètres carrés, et 1 millimètre carré. — 7 mètres carrés, 18 centimètres carrés. — 22309 centimètres carrés. — 4 décimètres carrés, 21 millimètres carrés. — 4002 millimètres carrés.

8. Enoncer 73611, 67 en hectares, ares et

centiares. — 46789, 27 en hectares, ares et centiares. — 27146, 2189 en hectares, ares, centiares et parties décimales du centiare.

9. Écrire en chiffres 207 hectares 8 ares 9 centiares. — 148 ares 9 centiares. — 148 ares 2 centiares. — 210 centiares. — 3714 ares et 7 centièmes de centiare.

Problèmes.

1. Si le mètre carré a coûté 80 fr. : combien coûtera chacune des unités suivantes : 1º un décimètre carré; 2º un centimètre carré; 3º un millimètre carré.

2. Si un décimètre carré coûte 2 fr. : combien coûtera chacune des unités suivantes : 1º un mètre carré : 2º un millimètre carré?

3. Si un centimètre carré coûte 0 fr. 01 centime : combien coûtera chacune des unités suivantes : 1º un mètre carré; 2º un décimètre carré; 3º un millimètre carré?

4. Si le millimètre carré coûte 0 fr. 0003; combien coûtera le mètre carré?

5. Si l'are coûte 58 fr. 45 cent. : combien coûtera chacune des unités suivantes : 1º un hectare; 2º un centiare?

6. Si l'hectare coûte 7480 fr. : combien coûtera un are, un mètre carré ?

7. Si un centiare coûte 1 fr. 15 cent. : combien un hectare, un are, un décimètre carré ?

8. On désire connaître la somme des superficies suivantes : 4 mètres carrés 4786 ; 81 mètres carrés 6079 ; 3873 mètres carrés 426014 ; 98 mètres carrés 268409 ; 4 décimètres carrés 426 millimètres carrés ; 15 décimètres carrés 728 ; et 42 décimètres carrés 3585 ?

9. La superficie d'un jardin potager est de 124 mètres carrés ; les plantations en prennent 98 mètres carrés, 60 décimètres carrés : combien reste-t-il pour les sentiers ?

10. Une planche de 3 mètres carrés 60 décimètres carrés a été payée 8 fr. : à combien revient le mètre carré ?

11. S'il faut 13 décimètres carrés de fer-blanc pour faire un entonnoir, combien fera-t-on d'entonnoirs avec 26 mètres carrés de fer-blanc ?

12. La superficie d'une cour est de 145 mètres carrés : combien paiera-t-on le pavage de la cour avec des pavés de 10 décimètres carrés, si le pavé coûte, tout posé, 65 cent. ?

13. La surface d'une feuille de carton est de 24 décimètres carrés : combien pourra-t-on découper de morceaux de 16 cent. carrés ?

14. Quelle est, en centimètres carrés, la superficie d'une place de 2 mètres 5 décimètres de longueur sur 1 mètre 99 centimètres de largeur ?

15. La superficie d'un parc est de 5 hectares 28 ares ; les arbres occupent 2 hectares 3 ares ; des cultures diverses en prennent 2 hectares 38 ares : combien reste-t-il de mètres carrés pour les allées ?

16. L'hectare d'un terrain vaut 3000 fr. : combien coûteront 67 hectares 28 ares ?

17. A 45 fr. l'are, combien valent 16 hectares ?

18. Le jardin public d'une ville est de 2 hectares 50 ares : combien de fois le jardin est-il contenu dans l'étendue de la ville qui a 230 hectares de superficie ?

10. Combien faut-il de carreaux de 33 centimètres de côté, pour carreler un salon dont la superficie est de 37 mètres 4230 ?

Mesures de volume ou de solidité.

1. On appelle mesures de volume ou de solidité celles dont on se sert pour mesurer l'étendue considérée sous les trois dimensions, longueur, largeur, profondeur ou épaisseur.

2. L'unité des mesures de solidité est le mètre cube, c'est-à-dire un cube qui a un mètre sur chacune de ses dimensions.

3. Un cube est un solide compris sous six carrés égaux; il a 8 angles et 12 arêtes.

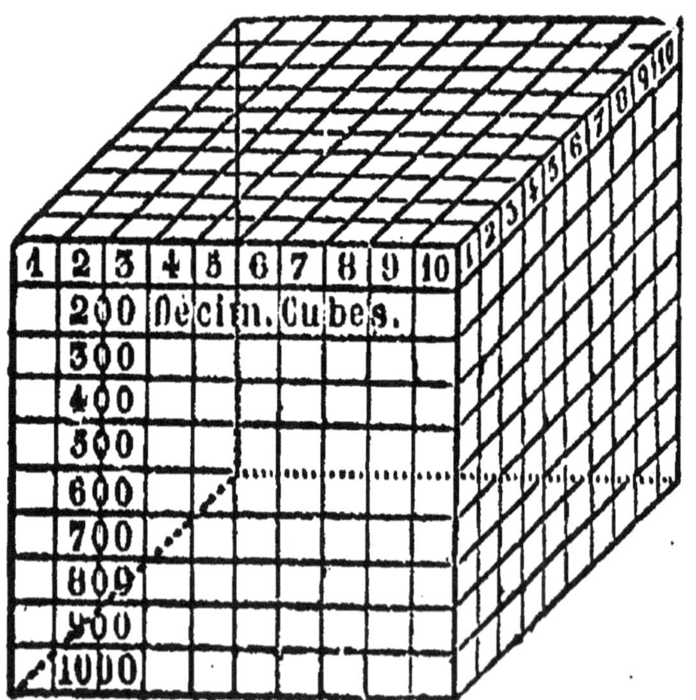

4. DÉMONSTRATION — *Si l'on considère le cube ci-dessus comme un mètre cube, la tranche supérieure qui a un mètre de long, un mètre de large et un décimètre d'épaisseur, représente un dixième du mètre cube. Les*

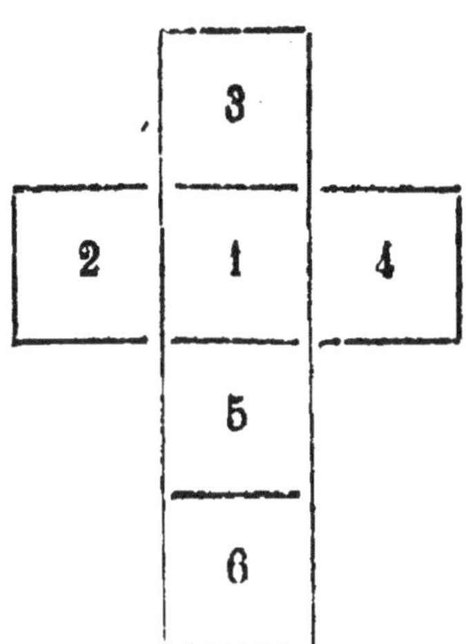

petits carrés, tracés sur la surface supérieure de cette tranche, représentent les bases d'autant de décimètres cubes; donc cette première tranche contient 100 décimètres cubes, et comme il y a dix tranches, le mètre cube contient en tout 10 fois 100 ou 1000 décimètres cubes.

On démontrerait de même que le décimètre cube vaut mille centimètres cubes.

Même raisonnement pour le millimètre.

D'après cela, le métre cube = $\left\{ \begin{array}{l} \text{1.000 décimètres cubes.} \\ \text{1 000.000 centimètres cubes.} \\ \text{1.000.000.000 millimètres cubes.} \end{array} \right.$

De sorte qu'un volume étant exprimé en mètres cubes et en fractions décimales du cube, si l'on voulait prendre successivement pour unité les décimètres, les centimètres, les millimètres, il faudrait reculer la virgule vers la droite de trois, de six, de neuf rangs, ainsi :

4m·c,273.045.976 = 4273d·m·c, 045.076 = 4.273.045·m·c, 076 = 4,273.015.976mm·c. En effet, 0,5 ; 0,05 ; 0,005 élevés au cube, donnent :

$$0,5 \times 0,5 \times 0,5 = 0,125$$
$$0,05 \times 0,05 \times 0,05 = 0,000.125$$
$$0,005 \times 0,005 \times 0,005 = 0,000.000.125.$$

On conclut de là que le *dixième d'un mètre cube* égale *cent décimètres cubes*, *le centième du mètre* égale *dix décimètres cubes*, *et le millième du mètre cube* égale *un décimètre cube ;* on comprend donc qu'il faut *trois chiffres* pour représenter les *décimètres cubes*, *trois autres* pour les *centimètres* et *trois* pour les *millimètres*.

Ainsi, le nombre 4.m·c. 206342 s'énoncera 4 mètres cubes, 206 décimètres cubes 342 centimètres cubes.

Mais, si le nombre de décimales ne permettait pas de diviser la fraction en tranches de trois chiffres, on placerait alors à la droite de la fraction un ou deux zéros.

Ainsi, le nombre 34m· cc· 5312081 équivaut à 34m cc· 531d·298cc· 100m·cc,

5. La décimètre cube est un cube d'un décimètre de côté : il y en a 1000 dans le mètre cube.

Le centimètre cube est un cube d'un centimètre de côté : il y en a 1000 dans le décimètre cube et par conséquent 1000000 dans le mètre cube.

Le millimètre cube est un cube d'un millimètre de côté : il y en a 1000 dans le centimètre cube, et par conséquent 1000000000 dans le mètre cube.

6. Le mètre cube sert à évaluer les travaux de maçonnerie et de terrassements, les bois de construction, les blocs de pierre et de marbre, les pierres qui servent à ferrer les routes et à bâtir, le sable, le gravier, etc.

Le décimètre cube, le centimètre cube et le millimètre cube, servent à évaluer les parties du mètre cube. On les prend aussi pour unités lorsqu'il s'agit d'évaluer les solides de petites dimensions : alors les chiffres décimaux qui accompagnent ces mesures prises pour unités, en expriment les dixièmes, les centièmes, les millièmes, etc.

Pour évaluer les volumes de formes cubiques, il faut multiplier la longueur par la largeur et le produit par la hauteur, ou l'épaisseur, ou la profondeur.

7. Le *mètre cube* prend le nom *de stère* quand il s'agit de bois de *chauffage*.

Le mètre cube n'a qu'un multiple et un sous-multiple usités, savoir : le décastère et le décistère.

Mesures effectives pour le bois de chauffage.

Les mesures effectives pour le bois de chauffage sont au nombre de trois, savoir :

1° Le *demi-décastère*, mesure de 5 stères ;

2° Le *double stère*, mesure de 2 stères ;

3° Le *stère*, mesure d'un mètre cube.

QUESTIONNAIRE.

1. Qu'appelle-on mesures de volume ou de solidité ?

2. Quelle est l'unité des mesures de solidité ? Qu'est-ce que le mètre cube ?

3. Qu'est-ce qu'un cube ?

4. Démontrez qu'il y a mille décimètres cubes dans le mètre cube ?

5. Qu'est-ce que le décimètre cube, le centimètre cube, le millimètre cube ?

6. A quoi sert le mètre cube ?

7. Quelle est l'unité des mesures pour le bois de chauffage? Quel est le multiple et le sous-multiple du stère ?

EXERCICES.

1. Dire combien le mètre cube vaut de centimètres cubes, — le décimètre cube de centimètres cubes, — le centimètre cube de millimètres cubes, — le mètre cube de millimètres cubes, le décimètre cube de millimètres cubes.

2. Dire ce que c'est que le décimètre cube par rapport au mètre cube; — le centimètre cube, par rapport au décimètre cube; — le millimètre cube, par rapport au centimètre cube; — le centimètre cube, par rapport au mètre cube; — le millimètre cube, par rapport au mètre cube.

3. Énoncer 512,58073218 en mètres cubes, décimètres cubes, centimètres cubes et millimètres cubes;... — 18,560849080 en mètres cubes et millimètres cubes;... 15,625802 en décimètres cubes et centimètres cubes.

4. Écrire en chiffres : 6 mètres cubes 17 décimètres cubes ;... . — 1 mètre cube 28 centimètres cubes ;—910 mètres cubes et 4100 centimètres cubes ;... — 17 mètres cubes et 875969 millimètres cubes ;...— 60 décimètres cubes ;... — 2047 millimètres cubes.

Problèmes.

1. Si un mètre cube coûte 256 fr. : combien coûtera chacune des unités suivantes : 1° un décimètre cube ; 2° un centimètre cube ; 3° un millim. cube ?

2. Si un décimètre cube coûte 19 fr. : combien coûtera chacune des unités suivantes : 1° un mètre cube ; 2° un centim. cube ; 3° un millim. cube ?

3. Si un centimètre cube coûte 0 fr. 02 : combien coûtera : 1° un mètre cube ; 2° un décimètre cube ; 3° un millim. cube ?

4 Si un millimètre cube coûte 0 fr. 00004 c. , combien coûtera un décimètre cube, un mètre cube et un centim. cube ?

5. Trois ouvriers ont extrait d'une carrière les quantités de pierres suivantes : 18 mètres

cubes 450 décimètres cubes, 23 mètres cubes 600 décimètres cubes, 10 mètres cubes 135 décimètres cubes; combien en tout ?

6. Additionner les nombres 15 mètres cubes + 15 décim. cubes + 24160 centim. cubes, et dire combien il y a de mètres cubes dans le total ?

7. Un bassin contient 46780 mètres cubes et un autre n'en contient que 39861, 1202 : dites combien le premier contient de mètres cubes de plus que le second ?

8. Une table de marbre devait être de 168425 centim. cubes, elle n'est que de 13464 centimètres cubes : combien y manque-t-il ?

9. Pour la construction d'un mur, on a employé 25 mètres cubes 748 décimètres cubes, à 4 fr. 60 cent. le mètre cube : à combien revient l'achat de la pierre ?

10. Dans une caisse de 1 mètre cube 600 décimètres cubes, combien pourrait-on mettre de petites boîtes de 32 centimètres cubes ?

11. Le mètre cube de bois de chêne coûte 80 fr. et le transport à 100 mètres de distance

1 fr. 85 : à combien reviennent 2 mètres cubes 125 décimètres cubes transportés à 320 mètres ?

12. Quel est le nombre de mètres cubes contenus dans une poutre ayant 15 mètres de longueur sur 80 cent. de largeur et 40 cent. d'épaisseur ?

13. Un voiturier a transporté 48 stères en un certain nombre de voyages, sa voiture contient 2 stères 4 décistères : combien a-t-il fait de voyages ?

14. On a employé un certain nombre d'ouvriers à scier 390 stères de bois de chauffage, chacun d'eux en a scié 32 stères 5 décistères : combien a-t-on employé d'ouvriers ?

15. Les fouilles pour les fondations d'un édifice ont 0 mètre 85 c. de profondeur, 1 mètre 50 de largeur, 95 mètres de longueur. On demande : 1° à combien de mètres cubes se monte le total des fouilles ; 2° combien il revient aux ouvriers terrassiers, si l'on est convenu de les payer à raison de 78 centimes par mètre cube ?

16. Un maître charpentier a fourni 7 poutres ayant chacune 6 mètres 60 cent. de longueur,

0 mètre 30 cent. de largeur et 0 mètre 33 cent. d'épaisseur, de plus 25 soliveaux ayant chacun 4 mètres 30 cent. de longueur sur 0 mètre 15 centimètres d'épaisseur et 0 mètre 12 centimètres de largeur, à raison de 85 fr. le mètre cube. On demande combien il est dû à ce charpentier ?

Mesures de capacité.

1. Les mesures de *capacité* sont celles qui servent à mesurer les *liquides*, comme l'eau, le vin, le cidre, la bière, l'eau-de-vie. etc., etc , et les *matières sèches*, comme le froment, le seigle, l'orge, l'avoine, les haricots, les pois, etc.

L'unité des mesures de capacité est le litre.

2. *Le litre est un vase dont la capacité intérieure est un décimètre cube.* Mais parce que la forme cubique serait peu commode pour l'usage, on s'est servi de la forme cylindrique, sans rien changer à sa

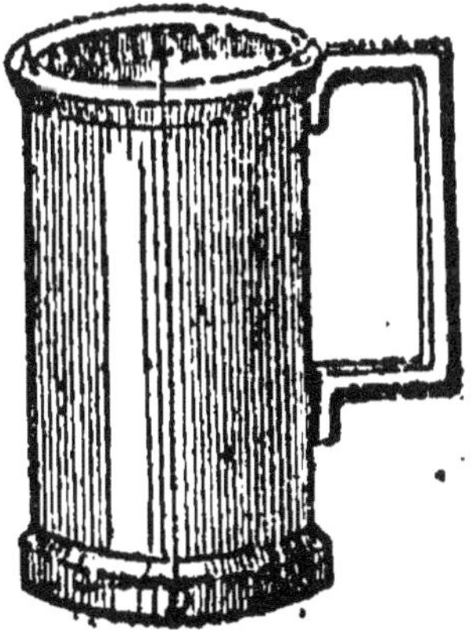

contenance. On a fait de même pour les multiples et pour les sous-multiples.

3. Les multiples du litre sont :

Le décalitre qui vaut 10 litres, ou 10 fois le décimètre cube ;

L'hectolitre, qui vaut 100 litres, ou 100 fois le décimètre cube ;

Le kilolitre, qui vaut 1000 litres, ou 1000 fois le décimètre cube ;

Le myrialitre n'est pas en usage.

Les sous-multiples du litre sont :

Le décilitre, qui vaut un dixième du litre ou 100 centimètres cubes ;

Le centilitre, qui vaut le centième du litre ou 10 centimètres cubes ;

Si le millilitre était en usage, il vaudrait un *millième du litre ou un centimètre cube.*

Mesures réelles de capacité.

4. La loi autorise 13 mesures réelles de capacité ; ce sont :

1º *L'hectolitre ;*
2º *Le demi-hectolitre ;*

3° *Le double-décalitre ;*

4° *Le décilitre ;*

5° *Le demi-décalitre ;*

6° *Le double-litre ;*

7° *Le litre ;*

8° *Le demi-litre ;*

9° *Le double décilitre ;*

10° *Le décalitre ;*

11° *Le demi-décilitre ;*

12° *Le double-centilitre ;*

13° *Le centilitre.*

5. La forme des mesures de capacité es toujours cylindrique, mais les dimensions varient suivant qu'elles sont destinées aux liquides ou aux matières sèches.

1° MESURES DES LIQUIDES.

6. Les grandes mesures pour les liquides, depuis l'hectolitre jusqu'au demi-décalitre inclusivement, sont des cylindres dont la profondeur égale le diamètre.

Elles peuvent être construites en *cuivre*, en *tôle* ou en *fonte*, en ayant soin de prévenir par l'étamage toute altération ou oxydation de nature à présenter des dangers. A partir du *double-litre* jusqu'au *centilitre*, les mesures sont en *étain* et doivent avoir une profondeur double du diamètre ; cependant la loi autorise encore des mesures en *fer-blanc* depuis le *double-litre* jusqu'au *centilitre*, mais ces mesures sont exclusivement destinées pour le *lait* ou pour l'*huile*. Elles ont, comme les grandes mesures, le diamètre égal à la hauteur. Les mesures pour l'huile sont marquées extérieurement de la lettre M ou de la lettre B, suivant qu'elles servent à mesurer l'huile à manger ou à brûler.

2° MESURES DES MATIÈRES SÈCHES.

7. Les mesures pour les matières sèches sont des cylindres dont le diamètre intérieur égale la profondeur ; il en existe onze, depuis l'*hectolitre* jusqu'au *demi-décilitre* inclusivement.

Les mesures peuvent être construites en *cuivre* ou en *tôle ;* mais ordinairement elles sont en *bois de chêne*, ayant la partie supé-

rieure garnie d'une bordure de tôle rabattue,
pour en conserver les dimensions

QUESTIONNAIRE.

1. Qu'appelle-t-on mesures de capacité ?
2. Qu'est-ce que le litre ?
3. Quels sont les multiples et les sous-multiples du
litre ?
4. Quelles sont les mesures réelles de capacité autorisées par la loi ?
5. Quelle est la forme de toutes les mesures de capacité ?
6. Comment doivent être construites les mesures
des liquides, depuis l'hectolitre jusqu'au demi-décá-
litre, et depuis le double-litre jusqu'au centilitre.
Quelles sont les mesures que l'on peut construire en
fer-blanc ?
7. Quelles sont les dimensions et la forme des mesures destinées aux matières sèches ? Comment doi-
vent-elles être construites ?

EXERCICES.

1. Dire combien le litre vaut de centilitres,
— le décalitre de décilitres, — de centilitres,
— combien l'hectolitre vaut de litres, — de
centilitres.

2. Dire ce que c'est que le litre relativement
au kilolitre, — le décilitre relativement au dé-

calitre, — le centilitre relativement à l'hectolitre, — le décilitre relativement au kilolitre.

3. Dire combien le litre vaut de centimètres
cubes, — le décalitre de centimètres cubes, —
l'hectolitre de mètres cubes, — le décalitre de
décimètres cubes, — de centimètres cubes.

4. Dire combien le décalitre vaut de millimètres cubes, — le décilitre de centimètres
cubes, — le centilitre de centimètres cubes,
de millimètres cubes. — Combien le millilitre
vaut-il de millimètres cubes.

Dire ce que c'est que le centimètre cube relativement au litre, — le millimètre cube relativement au litre, — le mètre cube relativement
au double décalitre.

Énoncer 1294,15 en hectolitres, décalitres,
litres, décilitres et centilitres.... — 205768,206
en kilolitres, centilitres et millilitres.

Écrire en chiffres 8 kilolitres 2 hectolitres 4
décalitres 5 litres 45 centilitres;... — 3 hectolitres 48 litres;... — 1000 décalitres;... — 4
litres 1 centilitre; .. — 30 hectolitres 9 décilitres.

Problèmes.

1. Si un litre coûte 0 fr. 45 cent. : combien coûtera chacune des unités suivantes : 1° un hectolitre ; 2° un décalitre ; 3° un décilitre ; 4° un centilitre ?

2. Si un hectolitre coûte 35 fr. 40 c. : combien coûtera chacune des unités suivantes : 1° un décalitre ; 2° un litre ; 3° un décilitre ; 4° un centilitre ?

3. Si un décalitre coûte 42 fr. 75 c. : combien coûtera chacune des unités suivantes : 1° un hectolitre ; 2° un litre ; 3° un décilitre ; 4° un centilitre ?

4. Si un décilitre coûte 0 fr. 42 cent. : combien coûtera chacune des unités suivantes : 1° un hectolitre ; 2° un décalitre ; 3° un litre ; 4° un centilitre ?

5. Si un centilitre coûte 0 fr. 05 cent. : combien coûtera chacune des unités suivantes : 1° un hectolitre ; 2° un décalitre ; 3° un litre ; 4° un décilitre ?

6. Quel est le total en centilitres contenu dans les nombres suivants : 1° deux hectolitres ;

2° vingt-sept hectolitres ; 3° un décalitre ; 4° seize décalitres ; 5° un litre ; 6° vingt-sept litres ; 7° un décilitre ; 8° douze décilitres ?

7. Un marchand qui avait 178 hectolitres de vin en a vendu 139 hectolitres 75 litres : combien lui en reste-t-il ?

8. De 0 litre 95 centilitres, ôtez 0 litre 160 millilitres, et dites le reste ?

9. Quel est le nombre d'hectolitres de vin contenu dans 425 pièces contenant chacune 2 hectolitres 6 litres ?

10. Combien y a-t-il d'hectolitres et de litres de vin dans 4 fûts dont la contenance suit : 1° 3 hectolitres 6 litres ; 2° 26 décalitres 5 décilitres ; 3° 2 hectolitres 23 litres ; 4° 12 hectolitres 25 décilitres ?

11. Un propriétaire a récolté 360 hectolitres de vin : combien faudra-t-il de pièces pour le contenir, si chaque pièce a deux hectolitres 30 litres de capacité ?

12. On a fait provision de 1185 hectolitres 60 litres de blé : combien faudra-t-il de sacs pour le renfermer si chaque sac contient un hectolitre deux décalitres ?

13. Combien faut-il de bouteilles de 80 centilitres de capacité pour contenir 86 litres de
liqueur, et quelle serait la dépense de l'achat des
bouteilles si l'on paie 19 fr. le cent ?

14. Un homme pauvre ne sachant que faire
pour gagner sa vie, achète 12 litres d'eau-de-
vie à 2 fr. 50 le litre pour la revendre en détail ;
il achète en outre des verres et établit sa petite
boutique ; mais par malheur ses verres étaient
trop grands, puisqu'il n'en avait que 20 dans
chaque litre, et qu'il ne pouvait le vendre que
10 centimes. C'est pourquoi, au lieu d'avoir
des verres plus petits, il met de l'eau dans son
eau-de-vie, et il en met tant que, quand il l'a
toute vendue à 10 cent. le verre, il se trouve
avoir gagné 20 fr : combien a-t-il ajouté de
litres d'eau ?

15. Un tuyau de fontaine a donné dans une
minute 13 litres 33 centilitres d'eau : d'après
cela, quel temps faudrait-il au même tuyau
pour remplir un bassin de 26 hectolitres 9
décalitres de capacité. Dire le poids de cette
eau ?

Mesures de poids.

1. On appelle mesures de poids, les mesures dont on se sert pour peser.

2. L'unité des mesures de poids est le gramme.

3. Le gramme est un poids égal à celui d'un centimètre cube d'eau distillée, pesée dans le vide, et à la température de quatre degrés au-dessus du zéro du thermomètre centigrade : c'est alors que l'eau est à son maximum de densité.

Gramme.   Centimètre cube

Comme toutes les eaux renferment des matières étrangères, pour les en priver, on les réduit en vapeur que l'on reçoit dans un récipient refroidi ; et sous cet état l'on a de l'eau distillée, dégagée de tous les corps étrangers.

On a pris la température de quatre degrés, parce que c'est à cette température que l'eau occupe le plus petit volume.

On fit avec un métal nommé *platine*, un poids modèle pesant autant qu'un décimètre cube d'eau distillée, qu'on a déposé aux archives à Paris.

4. *Les multiples du gramme sont :*

Le décagramme qui égale	10 grammes.
L'hectogramme	100 id.
Le kilogramme	1000 id.
Le myriagramme	10000 id.

5. *Les sous-multiples du gramme sont :*

Le décigramme qui égale	10ᵉ partie du g.
Le centigramme	100ᵉ id.
Le milligramme	1000ᵉ id.

6. On donne quelquefois le nom de *quintal métrique* au poids de 100 kilogrammes, et celui de *tonneau*, en terme de *marine*, au poids de 1000 kilogrammes.

Pour les poids peu considérables, on se sert du *gramme* et fractions décimales du gramme.

Pour les poids plus considérables, on emploie le kilogramme.

Le poids d'un kilogramme est égale à celui d'un litre d'eau, puisque le litre vaut mille centimètres cubes, et que le poids d'un centimètre cube d'eau est celui d'un gramme.

De là, pour trouver le poids d'un corps quelconque, il suffit d'évaluer son volume en centimètres cubes et de multiplier par sa *densité*, on en déduira le poids du corps.

7. Les poids usuels forment trois séries :

Les *gros poids*, les *poids moyens* et les *petits poids*.

Les gros poids vont du kilogramme à 50 kil.;

Les poids moyens, du gramme au kilog. ;

Les petits poids, du milligramme au gramme.

POIDS USUELS LÉGAUX.

Gros poids.

Noms des poids.	Indication écrite sur la face supérieure.
50 kilogrammes	50 kilog.
20 kilogrammes	20 kilog.
10 kilogrammes	10 kilog.
5 kilogrammes	5 kilog.
2 kilogrammes	2 kilog.

Poids moyens.

Kilogramme	1 kilog.
Demi-kilogramme	500 gram.
Double hectogramme	200 gram.
Hectogramme	100 gram.
Demi-hectogramme	50 gram.
Double décagramme	20 gram.

Noms des poids.	Indication écrite sur la face supérieure.
Décagramme.	10 gram.
Demi-décagramme.	5 gram.
Double gramme	2 gram.

Petits poids.

Gramme.	1 gram.
Demi-gramme.	5 décig.
Double décigramme	2 décig.
Décigramme.	1 décig.
Demi-décigramme.	5 C. G.
Double centigramme	2 C. G.
Centigramme	1 C. G.
Demi-centigramme	5 M. G.
Double milligramme	2 M.
Milligramme.	1 M.

Le gramme a la forme d'un petit cylindre terminé par un bouton; quelquefois on s'en sert encore sous la forme d'un petit prisme.

Au-dessous, le décigramme, le centigramme ou fractions, ont la forme de plaques carrées, où sont marqués les chiffres qui donnent la valeur numérique, avec les initiales des mots déci, centi et milligramme.

Relations entre les mesures de poids, les mesures cubiques et le litre.

Le litre égale un décimètre cube ;

Le gramme égale le poids d'un centimètre cube, donc :

1 litre	=	1 décim. cube = 1 kilog.
1 décilitre	=	100 centim. cub. = 1 hect.
1 centilit.	=	10 centim. cub. = 1 décag.
1 millilit.	=	1 centim. cub. = 1 gram.

Si l'on comprend bien ce tableau, on pourra résoudre mentalement toutes les questions du genre de celles-ci :

Quel est le poids de 3 décilitres d'eau pure ?

—   18 décim. cub.   —

—   13 lit. 5 décil.   —

—   128 déc. 2 c. c.   —

—   3 m. 42 déc. c.   —

—   416 lit. 79 cent.   —

—   15 cent. cubes.   —

—   44 mil. cubes.   —

Combien de litres ou de décimètres cubes d'eau feront :

3 hectogrammes, 2 décig. d'eau pure ?

124 kilog., 1 hectog. d'eau pure ?

5 kilogrammes   —

63 hect.   —

42 kilogr. 85 hect.   —

128 kilogr. 6 hect.   —

1334 kilogr.   —

Quel est le poids de 5 *décimètres cubes d'eau*, et quelle est la capacité propre à contenir ce volume ?

Quel est le poids de 2 *décimètres cubes d'eau*, et quelle est la capacité propre à contenir ce volume ?

Quel est le poids de 500 *centimètres cubes d'eau*, et quelle est la capacité propre à contenir ce volume ?

Quel est le poids de 200 *centimètres cubes d'eau*, et quelle est la capacité propre à contenir ce volume ?

Quel est le poids de 50 *centimètres cubes d'eau*, et quelle est la capacité propre à contenir ce volume ?

Quel est le poids de 20 *centimètres cubes d'eau*, et quelle est la capacité propre à contenir ce volume ?

Quel est le poids de 8 centimètres cubes d'eau?

Quel est le poids de 2 centimètres cubes d'eau?

Tableau des poids spécifiques des principales substances solides, liquides et gazeuses (1).

SOLIDES.	
Platine.	22,0690
Or.	19,3617
Mercure	13,5980
Plomb.	11,3523
Argent	10,4743
Cuivre.	8,8785
Acier	7,8163
Fer en barre.	7,7880
Fer fondu.	7,2070
Rubis	4,2833
Diamant	3,5310
Marbre.	2,8376
Perles.	2,7500
Verre	2,4882
Ivoire.	1,9170
Bois de chêne.	0,8520
Liége.	0,2400

LIQUIDES.	
Acide sulfurique.	1,8409
Acide nitrique.	1,2175
Eau de la mer.	1,0265
Lait.	1,0300
Vin de Bordeaux.	0,9933
Vin de Bourgogne.	0,9915
Huile d'olive.	0,9553
Alcool.	0,7920
Ether sulfurique.	0,7155

GAZ.	
Air	0,0013
Acide carbonique	0,0020
Oxygène	0,1044
Azote	0,0012
Gaz à brûler.	0,0007
Hydrogène	0,00009

(On rapporte ordinairement à l'air le poids spécifique des gaz.)

(1) Le poids spécifique d'un corps est le poids d'un volume quelconque de ce corps comparé à celui d'un même volume d'eau distillée.

QUESTIONNAIRE.

1. Qu'appelle-t-on mesures de poids ?

2. Quelle est l'unité principale des mesures de poids ?

3. Qu'est-ce que le gramme ?

4. Quels sont les multiples du gramme ?

5. Quels sont les sous-multiples du gramme ?

6. Combien de kilog. pèsent le quintal métrique et le tonneau de mer ?

Quel est l'usage du kilogramme ?

Quels sont les usages du gramme et de ses sous-multiples ?

7. Combien distingue-t-on de sortes de poids ?

EXERCICES.

1. Dire combien le kilogramme vaut de grammes, — de décagrammes, — de déci-grammes, — d'hectogrammes, — de centi-grammes.

2. Dire combien le décagramme vaut de dé-cigrammes; — l'hectogramme de grammes, — de centigrammes; — combien le décigramme vaut de milligrammes, — le centigramme de milligrammes.

3. Dire combien pèse un litre d'eau prise dans les conditions du gramme; — un décalitre

d'eau, — un hectolitre, — un kilolitre, — un décilitre.

4. Dire combien pèse un centilitre d'eau, — un millilitre, — un double litre, — un demi-décilitre, — un double centilitre, — un demi-décalitre.

5. Enoncer 592345 en myriagrammes, kilogrammes, hectogrammes, décagrammes, grammes;.. 832674.248 en kilogrammes, hectog., grammes, centigrammes et milligrammes;... 293591 grammes, en hectogrammes, grammes et centigrammes;.. 129 décagrammes en décigrammes.

6. Ecrire en chiffres 25 kilogrammes 32 décagrammes;,.. 14 kilogr., 132 grammes;... 11 kilogrammes, 7 grammes;... 9 grammes, 15 milligrammes;... 32 myriagrammes, 15 hectogrammes, 8 décigrammes et 1 milligramme.

Problèmes.

1. Si un kilogramme coûte 24 fr. 25 cent. : combien coûtera chacune des unités suivantes : 1° un hectogramme; 2° un décagramme; 3° un gramme; 4° un décigramme; 5° un centigr. ?

2. Si un hectogramme coûte 5 fr. 75 cent. : combien coûtera chacune des unités suivantes : 1° un kilogramme; 2° un décagramme ; 3° un gramme ?

3. Si un décagramme coûte 1 fr. 25 cent. : combien coûtera chacune des unités suivantes : 1° un kilogramme; 2° un hectogramme ; 3° un gramme; 4° un décigramme ; 5° un centigr. ?

4. Si un gramme coûte 0 fr. 90 cent. : combien coûtera chacune des unités suivantes : 1° un kilogramme; 2° un hectogramme ; 3° un décagramme ; 4° un décigramme; 5° un centigramme ?

5. Si un décigramme coûte 0 fr. 12 cent. : combien coûtera chacune des unités suivantes : 1° un kilogramme; 2° un hectogramme ; 3° un décagramme; 4° un gramme; 5° un centigr. ?

6. Si un centigramme coûte 0 fr. 03 cent. : combien coûtera un kilogramme, un hectogramme, un décagramme, un gramme, un décigramme?

7. Un épicier a trois barils d'huile dont le premier contient 84 kilogrammes, 35 décagrammes; le deuxième, 83 kilogrammes, 49

11.

grammes; le troisième, 90 kilogrammes : combien en tout de kilogram. d'huile ?

8. Un orfèvre a vendu les objets en détail dont le détail suit : un calice du poids de 527 grammes 450 milligrammes; une paire de burettes du poids de 216 grammes 275 milligr.; une sonnette du poids de 115 grammes; un ciboire du poids de 205 grammes 501 milligr.; dites le poids total de ces différents objets ?

9. Un porte-faix peut porter 17 myriagr. 38 hectogrammes; un autre porte 154 kilogr. 29 grammes 4 hectogrammes 3 décagrammes : lequel des deux est le plus fort ?

10. A 2 fr. 40 cent. le kilogramme, combien paiera-t-on 3 kilogr. 25 décagr.?

11. Combien aura-t-on de kilogrammes de savon pour 340 fr., si le kilogramme coûte 1 fr. 70.

12. Si un centimètre cube de fer pèse 7 gr. : combien pèseront 4 mètres cubes 275 décimètres cubes ?

13. Le prix du pain étant à 30 cent. le kilogramme : combien de kilogrammes de pain a

consommés une famille qui a payé au boulanger 360 fr.?

14. Un vase rempli d'eau pèse 25 kilogr. : quelle est sa capacité en décimètres cubes, sachant que le vase vide pèse 5 kilogr. 50 ?

15. Un âne et un mulet portent des charges différentes : l'âne se plaint de la sienne qui est de 85 kilogrammes ; le mulet lui répond : si j'ajoutais 45 kilogrammes à la mienne, j'aurais le double de la tienne. Quelle est la charge du mulet ?

16. Il manque 95 grammes 20 centigrammes à un corps pour qu'il pèse un kilogramme : quel est son poids ?

17. Un épicier a retiré 18 fr. 50 cent., dans sa journée, de la vente d'une égale quantité de sucre à 2 fr. 35 cent., et de café à 2 fr. 65 cent. le kilogramme : combien a-t-il vendu de kilog. de chaque denrée ?

18. Un épicier a vendu de la chandelle à 1 fr. 30 cent. le kilogramme, et de l'huile à brûler à 1 fr. 50 cent. ; il a retiré pour le tout 86 fr. 90 cent. ; il a vendu 38 kilogrammes de chandelle : combien d'huile à brûler ?

Mesures monétaires.

1. *On appelle mesures monétaires celles qui servent à évaluer le prix des choses.*

2. *L'unité de monnaie se nomme franc.*

3. *Le franc est une pièce d'argent du poids de 5 grammes, contenant 9 dixièmes d'argent fin et un dixième de cuivre, frappée et marquée conformément à la loi.*

Le cuivre vaut 40 fois moins que l'argent à poids égal, et 620 fois moins que l'or.

4. *Le franc se compte par dizaines, centaines, mille, etc., et on dit 10 fr., 100 fr., 1000 fr.*

5. *Les sous-multiples sont le décime et le centime.*

Comme l'on n'aurait pas assez de monnaie, on en a composé dont les valeurs sont les facteurs 2 et 5 du nombre dix, base du système décimal.

C'est pour cette raison qu'il ne doit pas exister des pièces de 25 centimes, mais bien de 20 centimes, parce que le cinquième de 20 donne 4.

6. *On appelle titre des monnaies ou de l'or-*

fèvrerie la quantité d'or ou d'argent fin qui entre dans le métal dont on fait les pièces de monnaie ou des objets d'orfèvrerie.

7. *Le franc se lie au mètre par son poids et par son diamètre exprimé en parties du mètre.*

RAPPORTS DES PIÈCES DE MONNAIES AVEC LEUR DIAMÈTRE ET LEUR POIDS.

8. *Les monnaies, le mètre et le poids* ont un rapport si direct, que l'on peut facilement, à défaut *de poids et de mètre,* se servir de *pièces de monnaies.*

PIÈCES DE MONNAIES LÉGALES EN CIRCULATION.

9. Les pièces de monnaies d'or sont au nombre de 5 :

	Diamètre,	Grammes.
La pièce de 100 fr.	35 millim.	32,25806.
— 50	— 28	— 16,12903.
— 20	— 21	— 6,45161.
— 10	— 19	— 3,22580.
— 5	— 17	— 1,61290.

10. Les pièces d'argent sont au nombre de cinq, savoir :

	Diamètre.	Poids.
La pièce de 5 fr.	37 millim.	25 gr.
— 2 —	27 —	10
— 1 —	23 —	5
— 0 — 50 c.	18 —	2,5
— 0 — 20	15 —	1

Enfin, la loi du 6 mai 1852 a substitué aux monnaies de cuivre les quatre pièces de bronze suivantes, composées de $\frac{95}{100}$ de cuivre $\frac{4}{100}$ d'étain et $\frac{1}{100}$ de zinc.

	Diamètre.	Poids.
11. La pièce de 10 cent.	30 millim.	10 gr.
— 5 —	25 —	5
— 2 —	20 —	2
— 1 —	15 —	1

De sorte qu'on trouverait la longueur du mètre en mettant à côté l'une de l'autre et sur la même ligne droite :

20 pièces de 2 francs et 20 pièces de 1 fr.

19 — de 5 — et 11 — de 2 fr.

27 — de 5 donnent ensemble une longueur de 999 millimètres (un millimètre de moins que le mètre).

12. Depuis une ordonnance du 16 novembre 1837, il y a 7 hôtels de monnaie en France :

l'hôtel de *Paris*, dont la marque est A; de *Rouen*, B; de *Strasbourg*, BB; de *Lyon*, D; de *Bordeaux*, K; de *Marseille*, MA entrelacés; de *Lille*, W.

QUESTIONNAIRE.

1. Qu'appelle-t-on mesures monétaires ?
2. Quelle est l'unité des monnaies ?
3. Qu'est-ce que le franc ?
4. Le franc a-t-il des multiples et des sous-multiples ?
5. Comment se divise le franc ?
6. Qu'est-ce que l'on appelle titre des monnaies ?
7. Comment le franc se lie-t-il au mètre ?
8. Dites le rapport qu'il y a entre les mesures de monnaies, le mètre et le gramme ?
9. Quelles sont les pièces en or ?
10. Celles qui sont en argent ?
11. Celles de bronze ?
12. Combien y a-t-il de villes où l'on frappe la monnaie, et prenez dans votre main plusieurs pièces quelconques et dites où elles ont été frappées.

EXERCICES.

1. 1° Combien le franc vaut-il de décimes ? 2° le décime de centimes ? 3° Combien la pièce de 2 francs vaut-elle de centimes ? 4° la pièce de 5 francs de décimes ? 5° de centimes ?

2. 1° Combien la pièce de 2 fr. vaut-elle de pièces de 50 centimes ? 2° Combien la pièce de 5 fr. vaut-elle de pièces de 50 centimes ? 3° Combien faut-il de pièces de 20 centimes pour faire une pièce de 2 francs ? 4° Combien de pièces de $\frac{1}{5}$ de franc pour une pièce de 5 francs ?

3. Ecrire les nombres : 1° trente-huit francs vingt-cinq centimes ; 2° deux cent six francs vingt centimes ; 3° sept francs vingt centimes ; 4° cinquante francs sept décimes ; 5° neuf décimes cinq centimes.

4. 1° Quarante-trois décimes ; 2° cent trente-cinq centimes ; 3° trois francs vingt centimes et cinq millièmes (de franc) ; 4° trois centimes et demi ; 5° quatre mille trente-cinq centimes.

Problèmes.

1. Combien faut-il de pièces de 5 francs pour un kilog.

2. Combien dépense annuellement une personne qui dépense par mois 134 fr. 80 cent ?

3. Pour un franc on à 2 mètres 5 décimètre)

de ruban : combien aura-t-on de mètres pour 15 fr. 60 cent. ?

4. Quelle est la quantité d'eau distillée qui pèse 136 fr. 80 cent. en argent ?

5. Quel est le prix de 8 décagrammes à raison de 25 fr. le kilog. ?

6. Combien faut-il ajouter bout à bout de pièces de 5 fr., dont le diamètre est de 37 millimètres, pour faire la longueur du mètre .

7. Une pièce de 5 fr. usée par le frottement ne pèse plus que 23 gr. : quelle est sa valeur ?

8. Quelle fraction du mètre peut on faire en plaçant sur la même ligne les pièces suivantes :

9. 10 pièces de 1 fr. et 10 pièces de 2 fr. ?

10. 2 pièces de 2 fr. et 2 pièces de 1 fr. ?

11. 2 pièces de 1 fr. moins 2 pièces de 50 c. ?

12. 1 pièce de 5 fr. moins 1 pièce de 2 fr. ?

13. 1 pièce de 2 fr. moins 1 pièce de 50 cent. ?

14. Quelle longueur fait-on avec 27 pièces de 5 fr. ?

15. Quelle est la longueur d'une règle sur laquelle on peut placer, l'une à côté de l'autre, 15 pièces de 20 fr., 2 pièces de 5 fr.. plus une pièce de 50 cent. ?

16. Un professeur propose à ses élèves de déterminer la longueur du tableau noir au moyen du diamètre des monnaies. A cet effet, après avoir porté plusieurs fois de suite une pièce de 3 fr. sur cette longueur, il trouve qu'elle y est contenue exactement 56 fois. Dire quelle est cette longueur ?

17. Combien faudrait-il mettre de pièces de 5 fr. les unes à la suite des autres pour faire le tour du globe, en suivant l'équateur, qui est d'environ 40000000^m ?

18. Quel est le poids d'un sac d'argent de 1000 fr., abstraction faite du poids du sac ?

19. Combien y a-t-il de pièces de 20 francs dans un sac pesant net 4 hectog. 4166 ?

20. En supposant qu'un sac pèse net 12 kilogrammes, 50 : quelle somme doit-il contenir en argent ?

21. Une bourse renferme 50 pièces de 20 fr. et un certain nombre de pièces de 50 fr. ; dire combien il y a de ces dernières pièces, sachant que le poids de toutes les pièces réunies est de 8 hect., 5 ?

22. Un bijou en or pèse autant qu'une pièce

de 2 francs, plus une pièce de 50 cent. : quel
est le poids de ce bijou ?

23. Un objet, placé dans le plateau d'une
balance, fait équilibre à 12 pièces de 5 francs,
8 pièces de 1 fr., plus deux pièces de 50 cent.
On veut savoir le poids de cet objet ?

24. Un homme de force moyenne peut porter un poids de 65 kilog. : quelle somme pour-
rait-il porter en or ou en argent ?

25. Combien faudrait-il d'hommes de force
moyenne (n° précédent) pour porter 1000000
de francs en argent ?

26. Un cheval de roulier est capable de tirer
sur une charrette un poids de 1000 kil. : d'a-
près cela, combien faudrait-il de charrettes
attelées d'un cheval de même force pour porter
1000000000 fr. en argent ?

27. Combien faut-il de pièces de 5 fr., placées
les unes sur les autres, pour faire la hauteur
d'un mètre, si chaque pièce a 25 dix-millimètres
d'épaisseur ?

28. Combien 100000 sous font de francs ?

29. Dites combien il a de sous dans 800 fr. ?

CONVERSIONS DES MESURES ANCIENNES ET NOUVELLES

et réciproquement.

Pour se rendre compte des résultats placés ci-dessous, il faut savoir que le quart du méridien terrestre, mesuré avec la toise, a été trouvé de 5.130.740 toises ; et que, pour réduire cette grandeur en décimales, on l'a partagée en dix millions de parties égales. D'après cela on a :

1° 1 M = 5.130.740 : 10000000 = 0^T, 513.074.

   1 ^{T} = 10.000.000 : 5130740 = 1^M, 949.037.

   1 M.carré = $(0.513.074)^2$ (1) = 0^T.carrée, 263.245.

   1 T.carrée = $(1.949.037)^2$ = 3^M.carrés, 798.744.

   1 M.cube = $(0.513.074)^3$ = 0^T.cube, 135.064.

   1 T.cube = $(1.949.037)^3$ = 7^M.cubes, 403.890.

2° La lieue ancienne était de 20522.960 ^{T} : 9000 = 2280 ^{T}, 33.

Ordinairement on supprime les deux décimales.

La lieue nouvelle est de 40.000.000 : 10000 =

---

(1) REMARQUE. — Pour indiquer qu'un nombre, 16 par exemple, est multiplié 1, 2. 3, 4, etc., fois par lui-même, on l'écrit ainsi : 16^1 ou 16, 16^2, 16^3, 16^4, etc.

4000 mètres. Ainsi 10 lieues nouvelles égalent 9 lieues anciennes.

3° La toise vaut 6 pieds, le pied 12 pouces, le pouce 12 lignes.

4° L'aune vaut 3 pieds, 7 pouces, 10 lignes $\frac{5}{6}$ — 526 lignes $+ \frac{5}{6}$.

5° L'arpent de Paris vaut 3419 $^{\text{m. carrés}}$, 87 $= 900$ toises carrées.

6° La corde de bois contient 3 $^{\text{m. cubes}}$, 8391, et le mètre cube ou le stère, n'est que cette partie $\frac{1}{3.8391} = 0,2605$ de la corde.

7° Le rapport du litre à la pinte est de 50,41242 à 46,95, donc 1 litre $= 50,41242 : 46,95$ pintes $= 1,0737$; et 1 pinte $= 45,95 : 50,41242$ litres $= 0,9313$.

8° Le setier vaut 1 $^{\text{hect.}}$, 56 donc, l'hectolitre $= 1 : 1,56 = 0$ ^{setier}, 641.

9° Le kilog. pèse 18,827 ^{grains}, 15 $= 2^{\text{l. p.}}$, 042.877, la livre $= \frac{1}{042.877} = 0$ ^{k}, 489.506.

10° La livre vaut 16 onces, l'once 8 gros, le gros 72 grains ; et 1 $^{\text{l. p.}} = 9216$ grains, ainsi le rapport du kilogramme à la livre est de 18827, 15 à 9216.

11° Le quintal vaut 100 livres.

12° Le tonneau vaut 20 quintaux.

13° La livre tournois vaut 20 sous, le sou 12 deniers.

14° Le rapport du franc à la livre tournois est de 81 à 80. Ainsi 1 f. $= \frac{81}{80} = 1^{\text{l. t.}}, 0125$; 1 $^{\text{l. t.}} = \frac{80}{81} 0,987.6543$

D'après ces explications on peut se rendre compte de ce qui suit.

Livres tournois. Multipliez-les par 0,988 pour les réduire en francs.

Francs. Multipliez-les par 1,0125 pour les réduire en livres tournois.

Sous. Multipliez-les par 0,049 pour les réduire en francs.

Deniers. Multipliez-les par 0,004 pour les réduire en francs.

Aunes. Multipliez-les par 1,188 pour les réduire en mètres, et multipliez les mètres par 0,841 pour les réduire en aunes.

Toises. Multipliez-les par 1.949 pour les réduire en mètres, et les mètres par 0,513 pour les réduire en toises.

Pieds. Mulipliez-les par 0,325 pour les réduire en mètres, et multipliez les mètres par 3,078 pour les réduire en pieds.

Pouces. Multipliez-les par 0,027 pour les réduire en mètres, et les mètres par 36,911 pour les réduire en pouces.

Lieues terrestres (2280 toises). Multipliez-les par 4,4444 pour les réduire en kilomètres, et les kilomètres par 0,225 pour les réduire en lieues.

Toises carrées. Multipliez-les par 3,798 pour les réduire en mètres carrés, et multipliez les mètres carrés par 0,263 pour les réduire en toises carrées.

Pieds carrés. Multipliez-les par 0,1055 pour avoir des mètres carrés, et multipliez les mètres carrés par 9,477 pour avoir des pieds carrés.

Pouces carrés. Multipliez-les par 0,00073278 pour avoir des mètres carrés, et les mètres carrés par 1364,66 pour avoir des pouces carrés.

Arpents (eaux et forêts). Multipliez-les par 0,5107 pour les réduire en hectares, et multipliez les hectares par 1,958 pour les réduire en arpents (eaux et forêts) (1).

Arpents (de Paris). Multipliez-les par 0,3419 pour avoir des hectares, et multipliez les hectares (2) par 2,9249 pour avoir des arpents.

Toises cubes. Multipliez-les par 7,404 pour les réduire en mètres cubes, et les mètres cubes par 0,135 pour les réduire en toises cubes.

Pieds cubes. Multipliez-les par 0,0343 pour les réduire en mètres cubes, et les mètres cubes par 29,1739 pour avoir des pieds cubes.

Pouces cubes. Multipliez-les par 0,000019036 pour avoir des mètres cubes, et les mètres cubes par 50412,42 pour avoir des pouces cubes.

Cordes de bois (eaux et forêts). Multipliez-les par 3,8391 pour avoir des stères, et les stères par 0,2604 pour avoir des cordes.

Pintes. Multipliez-les par 0,931 pour les réduire en litres.

Litres. Multipliez-les par 1,074 pour les réduire en pintes.

Décalitres. Multipliez-les par 0,7687 pour les réduire

(1) La boisselée d'Angers vaut 6 ares 59 centiares. L'arpent vaut 12 boisselées, la boisselée 4 journaux.

(2) On conçoit que si au lieu d'arpents on avait des perches carrées à réduire en hectares, il faudrait les multiplier par la valeur de l'arpent en hectares après avoir divisé ce rapport par 100, puisque la perche est la centième partie de l'arpent.

en boisseaux, et les boisseaux par 1,301 pour avoir des décalitres.

Setiers. Multipliez-les par 1,561 pour les réduire en hectolitres, et les hectolitres par 0,6106 pour les réduire en setiers.

Kilogrammes. Multipliez-les par 2,043 pour les réduire en livres, et les livres par 0,489 pour les réduire en kilogrammes.

Onces. Multipliez-les par 0,031 pour les réduire en kilogrammes, et les kilogrammes par 32,686 pour les réduire en onces.

Gros. Multipliez-les par 0,0038 pour avoir des kilogrammes, et le kilogramme par 261,49 pour avoir des gros.

Grains. Multipliez-les par 0,00005 pour avoir des kilogrammes, et les kilogrammes par 18827,15 pour avoir des grains.

Quintaux. Multipliez-les par 4,8951 pour les réduire en myriagrammes, et les myriagrammes par 0,20429 pour les réduire en quintaux.

Problèmes divers.

1. On demande le prix d'un mètre, lorsque 0 mètre 40 coûtent 10 fr. ?

2. On a payé 200 fr. pour 25 centiares : quel est le prix de l'hectare ?

3. Combien coûte le décimètre carré, quand 30 mètres carrés coûtent 450 fr. 30 cent ?

4. Dites ce qu'ou paie le mètre cube, quand 120 fr.
60 cent. sont le prix de 15 décimètres cubes ?

5. Si 65 décastères de bois à brûler coûtent
10406 fr. 50 cent. : quel est le prix du stère ?

6. Quand 25 hectolitres de vin sont payés 1012 fr.
50 cent. : quel est le prix du litre ?

7. Si 9 décalitres de froment coûtent 40 fr. 14 c. :
combien coûte un hectolitre ?

8. On a vendu 19 kilogrammes 4 de sucre pour
29 fr. 10 : combien a-t-on estimé l'hectogr. ?

9. Calculez ce que doit coûter le kilogramme de
marchandise, quand 29 décagrammes sont estimés
13 fr. 65 cent. ?

10. Si 40 fr. 25 cent. sont le prix de 10 kilog. de
soie : quel est le prix de l'hectog. ?

11. Dites à combien revient le kilogr. de café, quand
15 hectog. ont été payés 2 fr. 70 ?

12. Sachant que 20 mètres de drap ont coûté 240 fr. :
dites ce que coûterait un décimètre du même drap ?

13. Quel est le prix de l'hectare si 21,325 fr. 1250
sont le prix de 748 ares 25 cent. ?

14. On a acheté 48 hectolitres de vin pour 2392 fr. :
combien a-t-on payé le litre ?

15. Un marchand a acheté 100 kilogrammes d'huile
pour 180 fr. 45 : à combien revient l'hectog. ?

16 Un industriel a fait une provision de 45 décastères de bois de chauffage pour 7200 fr. : combien
a-t-il payé le stère ?

17. Combien coûterait un décilitre, si 45 décalitres 5
coûtaient 522 fr. 5 cent. ?   12

18. On demande le prix du kilog. de marchandise, lorsque 48 hectog 5 coûtent 32 fr. 95 cent. ?

19. Combien coûteront 72 dizaines de mètres à 3 fr. 55 le mètre ?

20. A 1 fr. 96 le centimètre carré, combien 29 mètres carrés 15 décimètres carrés ?

21. Quelle est en centimètres carrés la superficie d'une glace de 2 mètres 5 décimètres de longueur sur 199 cent. de largeur ?

22. A 395 fr. l'are, combien l'hectare ?

23. A 7 fr. 20 cent. le stère, combien 3 décastères 15 décistères ?

24. Quel est le produit de 25 stères par 2 décastères 9 décistères ?

25. Quel est en hectolitres le produit de 580 décalitres et de 579 litres ?

26. A 58 fr. l'hectolitre, combien 240 décalitres ?

27. Quel est en kilog. le produit de 12 myriagr. 60 hectogr. et de 379 hectogr ?

28. A 125 fr. 50 cent. le kilogr., combien 250 décagr. 3 grammes ?

29. Quel est, à une unité près, le quotient de 950 kilomètres divisés par 30 hectomètres 25 mètres 9 centimètres ?

30. Lorsque le prix de 10 mètres est 55 fr., combien de mètres pour 659 fr. ?

31. Faites-nous connaître, en poussant la division jusqu'au 4e chiffre décimal inclusivement, le quotient de 0 mètre carré 8484 par 7 unités ?

32. 62 murs de même étendue ont ensemble 5545

mètres carrés, 840 de superficie, quelle est la superficie de chacun ?

33. Lorsque 5 décimètres carrés coûtent 75 fr. : combien coûtent 1° 18 mètres carrés ; 2° 10000 centimètres carrés ?

34. Combien aurait-on d'hectares, ares et centiares pour 10000 fr., à 46 fr. 50 l'are ?

35. Divisez 1739 hectares par 5895, en poussant la division jusqu'aux millièmes inclusivement , et dites quelle est la nature des unités du quotient ?

36. Avec 25 mètres 375 mil. de fil de fer on a fait 60 douzaines de pointes, plus 5 pointes : on prie de dire quelle est la longueur de chaque pointe, et quelle somme on fera en vendant 0,05 cent. le paquet de 25 pointes.

37. Une personne qui a 2500 fr. de rentes voudrait savoir combien elle a à dépenser par jour, après avoir prélevé 5 fr. 50 c. sur 100 fr. pour payer ses contributions et remplir un certain engagement qu'elle a contracté ?

38. J'ai changé 14 mètres de drap pour 70 décalitres de blé : combien aurais-je eu de mètres du même drap si je n'avais donné que 30 décalitres ?

39. 34 fr. 80 sont le prix de deux toises cubes 2 pieds cubes 30 pouces cubes d'un certain ouvrage : à combien revient le mètre cube ?

40. Quel est le nombre qui étant augmenté de 180 et divisé par 25 donne 220 au quotient ?

41. Un champ de 25000 perches carrées (de 22 pieds

de longueur) a été vendu à raison de 2 fr. 25 c. la perche carrée : à combien revient l'hectare ?

42. Un entrepreneur a acheté 500 pieds cubes de pierre pour 650 fr. : combien doit-il vendre le décimètre cube pour gagner 100 fr. sur la totalité ?

43. Un marchand vend 12 kilogrammes de figues avariées, à raison de 0 fr. 90 cent. le kilog., et il perd 3 fr. 50 cent. sur le total : à combien lui revenait 1 kilog. de ces figues ?

44. Un mur a 30 mètres de long, 2 mètres 50 de haut, et 90 centimètres d'épaisseur ; un autre a 20 mètres de long, 3 mètres de haut, et 65 centimètres d'épaisseur. Les deux ensemble ont coûté 2000 fr. : trouver le prix de chacun ?

45. Une revendeuse achète des pêches à raison de 1 fr. 80 cent. la douzaine, et en a 8 pour rien, le nombre total des pêches est de 104 : on demande combien cette marchande aura gagné en tout si elle revend chaque pêche 0 fr. 20 cent. ?

46. Un instituteur de campagne se rend à la ville pour y faire provision de livres ; il en achète 32 douzaines ; le libraire le gratifie du treizième (il lui en donne 13 pour 12) et lui vend les autres à raison de 0,45 c. la pièce ; les frais d'emballage et de transport se montent à 5 fr. : on demande combien l'instituteur devra revendre chaque livre, s'il veut gagner en tout 71 fr. 80 cent.

47. J'ai acheté 0 kilog. 15 de sucre à 0 fr. 90 le kilog. : combien ai-je dû payer ?

48. Une personne a 3240 fr. de revenu. Elle passe

6 mois à Paris pendant lesquels elle dépense le tiers de cette somme ; le reste de l'année qu'elle passe à la campagne, elle dépense pour son usage particulier le tiers de ce qui lui reste ; pendant ce même temps, elle donne chaque jour 3 fr. aux pauvres ; à la fin de l'année, elle fait à une parente un cadeau de 300 fr. ; de plus elle donne 200 fr. à un hôpital. On demande 1° ce qu'elle dépensait chaque jour pendant sa résidence tant à Paris qu'à la campagne ; 2° ce qui lui reste à la fin de l'année ; 3° dans combien d'années elle aura fait un fonds de 3200 fr., en supposant que sa dépense soit la même pour chaque année.

49. Un sac de pièces de 5 fr. fait équilibre avec 2 kilogrammes 5 décagrammes et 25 grammes : combien contient-il de pièces ?

50. La somme de 2 nombres est 135 ; si l'on multiplie le plus petit par 2, il devient semblable au plus grand : quels sont ces deux nombres ?

51. Pour le blanchissage de 250 draps, une maîtresse de pensionnat emploie 6 journalières pendant 3 jours ; le prix de la journée pour chaque femme est de 60 centimes ; de plus chacune reçoit par jour 5 hectogrammes de pain de 30 cent. le kilogramme, 5 décilitres de vin de 0,35 cent. le litre ; les autres dépenses pour bois, savon, cendre, etc., se montent à 15 fr. : à combien revient le blanchissage d'un seul drap ?

52. L'économe d'une maison religieuse a acheté 4 pièces de drap pour 1080 fr., à raison de 12 fr. le mètre : la première contient 26 mètres ; la seconde, 19 mètres ;

12.

la troisième, 15 : combien en contient la quatrième ?

53. Un propriétaire a fait faucher une prairie qui a produit par hectare 130 bottes de foin de 30 hectogrammes ; il s'en réserve 355 kilogrammes pour sa provision ; en vend 9144 hectogr. d'une part et 400 kilogrammes d'autre part : on demande combien cette prairie contient d'hectares et d'ares ?

54. J'ai acheté 500 fr. une cargaison d'avoine contenant 80 hectolitres ; j'en ai vendu 20 hectolitres pour 150 fr. : combien dois-je vendre l'hectolitre de ce qui me reste pour gagner 190 fr. sur les 80 hectolitres ?

55. Deux pièces de drap ont l'une 50 mètres, l'autre 45 ; la première coûte 53 fr. de plus que la seconde : quel est le prix de chacune ?

56. Un père de famille a dépensé dans une année 64250 fr. pour l'entretien de sa maison : on demande quel est le chiffre de sa dépense particulière, sachant qu'elle s'élève à 0,50 pour 2 fr. de la dépense totale ?

57. Un négociant a acheté 340 sacs de café dont le poids brut est 13200 kilogr. : on demande 1° quel est le poids net après avoir rabattu la tare, à raison de 15 kilogrammes par 100 ; combien ce négociant a dû débourser pour cet achat, le prix du kilogr. (poids net) étant de 3 fr. (1).

58. J'ai mis au roulage trois caisses pesant ensemble 1200 kilogr. ; on me demande 15 fr. par 100 kilog. pour les transporter l'espace de 30 lieues : à

(1) Le poids d'un sac de café avec emballage, est le poids *brut* ; le poids du café sans emballage est le poids *net*, et le poids des emballages est la *tare*.

combien s'élèveront les frais de transport pour les 1200 kilogr.

59. Je dois 26 fr.; je veux m'acquitter en donnant 10 pièces les unes de 5 fr., les autres de 2 fr. : combien dois-je de pièces de chaque valeur ?

60. Une bonne dame a acheté 357 kilog. de beurre à 1 fr. 35 cent. le kilogr. ; elle en a donné le tiers à 25 pauvres, et veut que le reste suffise pour sa consommation durant toute l'année : on demande 1° combien elle a dépensé pour cet achat ; 2° ce que chaque pauvre aura ; 3° combien sa cuisinière aura de beurre à dépenser par jour ?

61. Un homme conduit au marché une voiture chargée de 1920 pommes qui lui ont coûté 0,75 cent. le 100. Dans le voyage il en donne 87 aux pauvres, 125 à un de ses amis. Rendu au marché, il en trouve 100 d'avariées. Il veut savoir combien il lui reste de pommes et combien il les doit vendre la douzaine pour gagner sur le nombre qu'il avait en partant de chez lui 0,15 centimes par douzaine.

62. Un pâtissier veut faire une fournée de bonbons ; pour cela il emploie deux kilogr. de farine à 0,90 c. le kilogr. ; 40 hectogr. de sucre à 1 fr. 50 cent. le kilogr. ; 11 douzaines d'œufs pour la somme de 5 fr. 50 cent. : il dépense en plus pour frais de cuisson, etc., 1 fr. 60 cent., il fait 564 gâteaux : combien devra-t-il les vendre la pièce pour faire un bénéfice de 13 fr. 30 cent. ?

63. Combien ce marchand devrait-il recevoir si le tiers avait été brûlé ?

64. Une personne a acheté deux ballots de laine : le premier pèse 28 kilogr., et coûte 4 fr. 3F ıe kilogr., le deuxième pèse 7800 gr., et coûte 3 fr. 54 le kilog., elle mélange le tout, en donne le cinquième à 12 pauvres; de plus elle leur partage le gain qu'elle fait sur le reste en le revendant à raison de 6 fr. le kilogr. : on demande combien chaque pauvre recevra de laine et d'argent.

65. Un épicier paie 90 fr. un baril de sardines qui en contient 5 milliers plus 808 ; il en vend la moitié à 25 cent. la douzaine; la moitié de ce qui reste à 0,20 cent. et les autres à 0 fr. 025 la pièce ı on désire savoir combien cet épicier gagne sur le baril.

66. Deux fermiers s'engagent à faire pacager les moutons de leur maître avec les leurs, à condition qu'ils recueilleront pour leur part la moitié de la laine. A temps opportun, ils font tondre les moutons ; le premier recueille 30 kilogr. de laine ; le second, 47 ; tous les deux prélèvent leur moitié et remettent le reste à leur maître. Chaque kilogramme de laine est estimé 5 fr. D'après ces données, on prie de trouver combien chaque individu a recueilli de kilogr. de laine pour sa part, et combien le propriétaire des moutons doit vendre le kilogr. de la sienne s'il veut gagner 30 fr. sur la totalité.

67. Lorsque pour 1 fr. 15 cent. on a 0 kilogr. 5 de poivre : combien faudrait-il payer pour 9 kilogrammes 50 ?

68. Une personne veut faire vitrer un appartement composé de trois chambres : la première a 4 croisées,

chacune de 6 carreaux qui ont 5 décimètres de long sur 48 centimètres de large ; la deuxième chambre a 3 croisées, chacune de 8 carreaux qui ont 32 centimètres en longueur et 30 en largeur ; la troisième en a trois de 8 carreaux qui ont 4 décimètres 5 de longueur sur 37 centimètres de largeur : on demande 1° combien cette personne a fait placer de carreaux ; 2° ce qu'elle devra au vitrier s'il est convenu de lui vendre 3 fr. un mètre de verre tout placé ?

69. Un propriétaire veut faire entourer de murs un jardin qui a 30 mètres de long et 26 mètres de large ; mais avant de faire commencer les travaux, il désire savoir combien il lui en coûtera. Il veut donner 3 mètres de hauteur et 70 centimètres d'épaisseur aux murs. Pour faire tirer la pierre nécessaire, il paie 1 fr. par mètre cube ; la carrière est distante de 3 lieues, et on lui demande pour le transport d'un mètre cube l'espace d'une lieue, 5 fr. Il a chez lui le sable et la chaux nécessaires, et compte que ce qu'il y aura à déduire pour l'ouverture d'une porte ira pour frais de menuiserie, etc. ; la main-d'œuvre est fixée à raison de 2 fr. par mètre cube. Dites ce qu'il faudra débourser pour cette construction ?

70. On veut faire carreler 3 appartements ; le premier a 12 mètres de long et 9 de large ; le deuxième est un tiers moins spacieux que le premier, et le troisième est moitié moins grand que les deux autres : on demande combien il entrera de carreaux de 15 centimètres de côté dans la superficie de ces trois pièces, et ce qu'on aura déboursé si on paie 21 fr. le millier

de carreaux et qu'on donne au maçon 1 fr. 15 c. par mètre de carrelage.

71. Un capitaine de vaisseau à la veille de mettre à la voile veut faire confectionner dans le plus bref délai 440 chemises ; il s'adresse à trois maîtresses lingères : la première peut employer à cet ouvrage 6 ouvrières ; la deuxième peut y employer 9 ouvrières et la troisième 7. De quelle manière cet ouvrage devra-t-il être distribué ?

72. Un père calcule que son fils né le 17 mai 1837 à 7 heures 56 minutes, a vécu 302430 minutes : combien cet enfant a-t-il de mois, et quelle est l'époque précise où s'est fait ce calcul ?

73. Un propriétaire veut faire entourer un parc de 4 murs qui ont ensemble 170 mètres de longueur sur 4 mètres 5 de hauteur ; il destine 20180 fr. 4375 pour faire face aux dépenses, et fait marché à raison de 35 fr. 25 par mètre cube : on prie de dire quelle sera l'épaisseur de ces murs ?

74. J'ai acheté deux lits garnis pour 900 fr. ; l'un m'a coûté le double de l'autre : quel est le prix de chacun ?

75. Quel est le diviseur lorsque le dividende est 15840 et le quotient 39,6 ?

76. Deux nombres sont tels que le plus petit augmenté de 75 devient égal au plus grand, et que la somme des deux est 310 : quels sont ces deux nombres ?

77. J'ai acquitté une dette en quatre paiements : le premier a été de 1200 fr. ; le second a été triple du

premier ; le troisième a été égal à la somme des deux premiers ; le quatrième a été égal à la moitié du premier, plus le tiers du second, plus le quart du troisième : trouver le montant de chaque paiement et celui de la dette ?

78. Combien faudrait-il de pierres de 12 décimètres de long, 6 de large et 7 de haut, pour faire un piédestal dont chaque face formerait un carré de 4 mètres 20 de côté ?

79. On demande de trouver deux nombres dont la différence soit 7 et la somme 760 ?

80. Deux pièces d'étoffe ont ensemble une longueur de 55 mètres ; l'une est plus longue que l'autre de 10 mètres ; quelle est la longueur de chacune ?

81. Une revendeuse a acheté pour la somme de 257 fr. la cueillette d'un verger, s'élevant à 5600 pommes, 2000 poires, 4218 prunes. Elle revend les pommes 30 fr. le millier ; les poires, 5 fr. le cent ; les prunes, 0,15 cent. la douzaine : on prie de dire quel est le bénéfice que cette femme a fait ?

82. La somme de deux nombres est 88, le plus grand est le quadruple du plus petit : quels sont ces deux nombres ?

83. Partager 50 en deux parties telles que leur quotient soit 4 : quelles sont ces deux parties ? .

84. En divisant l'un par l'autre deux nombres dont la somme est 92, on a 8 pour quotient et pour reste 2 : quels sont ces deux nombres ?

85. Deux pièces de toile ont coûté 645 fr. : la première a 66 mètres de long sur 1 mètre de large ; la

deuxième a 42 mètres de long sur 15 décimètres de large : quel est le prix de l'une et de l'autre, sachant qu'elles sont de même qualité ?

86. Pour un certain ouvrage, j'ai employé quatre onvrières : la première y a travaillé pendant 7 jours ; la seconde pendant 12 jours ; la troisième pendant 9 jours, et la quatrième pendant 5 jours et demi ; le travail achevé, je les paie toutes les quatre avec la somme de 25 fr. 55 cent. : à combien s'élève le prix de la journée pour chacune, et combien chaque ouvrière a-t-elle reçu ?

87. Une marchande a reçu une caisse contenant 40 douzaines d'assiettes qui lui reviennent à 1 fr. 75 la douzaine ; il s'en trouve 38 de brisées. Cependant cette personne voudrait faire un bénéfice de 30 fr. sur le prix d'achat : combien devra-t-elle les vendre la pièce ?

88. Dans 10 jonrs, 6 ouvrières ont fait 24 robes : combien 9 ouvrières en feraient-elles dans le même temps ?

89. Combien aura-t-on d'hectolitres de vin de 13 fr. l'hectolitre, pour 75 hectolitres de cidre du prix de 11 fr. l'hectolitre ?

90. Combien faudrait-il de planches de 2 mètres 3 décimètres de long sur 0 mètre 34 de large, pour un plancher rectangulaire de 5 mètres 19 de long sur 4 mètres 286 de large ?

91. Un négociant a payé en pièces de 5 fr. une somme en argent pesant 94640 grammes 75 : on demande combien de pièces il a dû donner ?

92. Un homme a acheté un muid de vin 55 fr. : à

combien lui revient le litre, et à quel prix devra-t-il le revendre s'il veut gagner 4 fr. par décalitre?

93. Un marchand de bœufs en a acheté 24 pour la somme de 12600 fr.; il en a vendu 8 en gagnant 61 fr. par paire; il a nourri les autres pendant 8 jours et a dépensé pour leur entretien 68 fr.; pendant ce temps deux ont péri : on désire savoir combien il doit vendre la paire de ceux qui lui restent pour gagner 453 fr. sur le tout?

94. Deux champs sont à vendre; le premier a 75 mètres de longueur sur 15 mètres 5 de largeur, et on l'offre pour 5400 fr.; le second a 60 mètres de longueur sur 17 mètres 25 de largeur, et on l'offre pour 5000 fr. : lequel est le moins cher?

95. Une pièce d'étoffe de 28 mètres 6 a coûté 67 fr. 21 cent. On a vendu sans profit une portion de cette pièce contenant 15 mètres 25 : combien en reste-t-il à vendre?

96. Combien perdrait-on sur le reste de la pièce ci-dessus si on le vendait à raison de 1 fr. 90 cent. le mètre?

97. Le diamètre d'une pièce de 5 fr. est de 373 dix-millim.; et la distance du pôle à l'équateur est de 10000000 de mètres : on demande combien il faudrait mettre de ces pièces à la file et au contact les unes des autres pour faire le quart du tour de la terre?

98. Un bateau à vapeur fait trois lieues par heure : on demande combien il aura fait de myria-mètres au bout de 15 jours, en marchant 7 heures par jour?

99. D'après la loi, 1 fr. en argent doit peser 5 gr. ; on demande alors ce que pèsent :

Une pièce de 5 fr.
Une pièce de 2 fr.
Une pièce de 1 fr.
Une pièce de 1/2 fr.
Une pièce de 1/5 de fr.

100. La monnaie d'or ayant une valeur 15 fois 1/2 plus grande que celle de la monnaie d'argent à poids égal, on demande ce que pèseront en grammes et fractions décimales jusqu'au quatrième chiffre inclusivement, une pièce de 20 fr. en or, une pièce de 10 fr., de 5 fr. en or.

101. Le titre des nouvelles monnaies d'or et d'argent est de 0,9, c'est-à-dire que ces monnaies renferment 9 dixièmes d'or ou d'argent pur et 1 dixième d'alliage, qui est ordinairement en cuivre. Quelle est donc : 1° la valeur en pièces de 20 fr. d'un kilog. d'or monnayé ; 2° la valeur en fr. d'un kilogramme d'argent monnayé ?

102. Un particulier voulant porter à la monnaie un lingot d'argent pur du poids d'un kilogramme, demande combien on devra lui donner de pièces de 2 fr. en échange, déduction faite du prix de fabrication qui est fixé à 3 fr. par kilogr. (le prix de l'alliage est compris dans le prix de fabrication) ?

103. Si au lieu d'argent cet homme avait apporté un kilogr. d'or pur, combien devrait-on lui donner de pièces de 20 fr. (le prix de fabrication pour un kilog. d'or monnayé est 9 fr.) ?

104. Le revenu territorial de tous les départements de la France s'élève à 1588374180 : quel serait 1° en myriamètres, 2° en lieues de 4000 mètres, la hauteur d'une pile de pièces de 5 fr. équivalente à cette somme, sachant qu'une pièce a 2 millimètres et demi d'épaisseur ?

105. On prie de dire quel serait en kilogr. le poids de la somme ci-dessus ?

106. Quatre porte-faix se présentent pour transporter aux divers étages d'une maison 12 stères 6 de bois ; le premier en monte le tiers au premier étage ; le deuxième, le tiers de ce qui reste au second étage ; le troisième, 8 décistères de moins que le second au troisième étage. et le quatrième, ce qui reste au quatrième étage : quel sera le salaire de chacun d'eux, si on est convenu de leur donner 60 centimes. par étage pour le transport d'un stère ?

107. Une personne charitable achète une pièce de toile. Elle partage les deux tiers de cette toile entre 5 pauvres ; avec le reste elle fait 4 douzaines de serviettes de 0 mètre 75 de long : on demande la part de chaque pauvre exprimée en mètres, et la longueur de la pièce de toile ?

108 Une revendeuse achète 16 fr. un panier d'oranges qui en contient 150 ; il lui en est volé 5 , 15 pourrissent pendant le cours du débit ; elle fait néanmoins en les revendant 5 fr. de gain : on prie de dire combien elle a vendu chaque orange ?

109. Un propriétaire veut employer 2856 fr. 70 c. pour faire clore de murs un jardin ; l'entrepreneur lui

demande 5 fr. 30 cent. par mètre carré : on demande 1° combien on lui fera de mètres carrés; 2° quelle sera la longueur du contour des murs, dont la hauteur est 2 mètres 45.

110. Une bonne dame interrogée sur son revenu annuel répondit : les deux tiers de mon revenu contiennent autant de pièces de 5 fr. que je puis soulager de pauvres avec 600 francs, en donnant 15 centimes à chacun ?

111. Dans une année, le maire d'une ville a distribué chaque semaine aux pauvres 95 fr. et 260 kilogr. de pain estimé 30 centimes le kilogr. : on demande quel est son revenu annuel si ses aumônes n'en étaient que le cinquième ?

112. On a acheté dans une fabrique une pièce de toile de 55 mètres pour la somme de 173 fr. 25 cent.: on voudrait savoir quelle serait pour le même prix la longueur d'une autre pièce de même largeur qui contiendrait un cinquième de coton, si le coton coûte un quart moins que le fil et que l'un et l'autre à poids égal fournissent une même quantité de tissu ?

113. Une ouvrière travaille tous les jours ouvrables de l'année et se repose les dimanches et les quatre fêtes gardées qui tombent ordinairement sur la semaine; elle dépense 50 centimes chaque jour pour sa nourriture, et 200 fr. par an pour vêtements, blanchissage, etc. : combien cette ouvrière gagne-t-elle par jour, et quelle sera son épargne au bout de l'année, si sa dépense n'est que les trois quarts de son salaire ?

114. Une personne porte 20 douzaines d'œufs au

marché avec commission de les vendre 40 centimes la douzaine. Après en avoir vendu 4 douzaines, elle casse 8 œufs : combien doit-elle vendre ceux qui lui restent pour réparer cette perte ?

115. Une bonne femme a filé 40 kilogr. de filasse qui lui avait coûté 2 fr. 75 le kilogr. ; elle blanchit son fil, et voulant en faire faire de la toile, le porte à un tisserand qui lui prend 60 centimes par mètre ; chaque kilogr. de fil fournit 3 mètres 50 de toile : à combien revient à cette bonne femme chaque mètre de toile, et combien devra-t-elle le vendre si elle veut faire un bénéfice de 95 fr. sur le tout, sachant qu'après le blanchissage le fil ne pèse plus que les trois quarts de la filasse ?

116. Une pièce d'étoffe de 30 mètres a été partagée entre quatre familles indigentes, chaque famille a eu en proportion du nombre de ses membres ; or, la première se composait de 3 personnes, la deuxième de 4, la troisième de 5 : de combien de mètres d'étoffe se composait chaque part ?

117. Un homme achète des marchandises pour la somme de 600 fr. ; ne pouvant payer sur-le-champ, il demande un délai de 3 mois qu'on lui accorde à condition qu'il paiera les intérêts de cette somme à 5 pour 100 par an ; il revend aussitôt cette marchandise 680 fr., en faisant à son tour un crédit de 4 mois à 6 pour 100 par an. On demande quel est le bénéfice de l'entremetteur ?

118. Ayant vendu 463 kilogr. de laine pour 1620 fr. 50 cent. : combien recevrai-je pour 1399 kilogr. de la même laine ?

119. Combien coûteront 146 litres d'huile, si l'on paie 131 fr. pour 220 litres ?

120. Un voyageur a fait 26 myriamètres en 5 jours : combien sera-t-il de jours pour faire 208 myriam. ?

121. Un négociant, voulant faire une bonne œuvre, se propose d'y employer 4 fr. toutes les fois qu'il en gagnera 38 : à combien se montera son bénéfice s'il peut disposer de 8000 fr. ?

122. Un chapelier a vendu 78 chapeaux pour 936 fr., l'acheteur n'ayant que 840 fr. ; combien en recevra-t-il ?

123. Un ouvrier a reçu 261 fr. pour 44 jours de travail : combien aurait-il reçu s'il avait travaillé 14 jours de plus ?

124. Quelle est la hauteur d'une tour qui donne 110 mètres d'ombre, lorsque, en même temps, 2 mètres de haut en donnent 5 d'ombre ?

125. Lorsque le cent de fagots coûte 25 fr., à combien reviennent 36 fagots ?

126. J'ai acheté 1950 bûches, à condition d'en avoir 6 pour 100 en sus : combien en recevrai-je ?

127. Combien gagne-t-on pour cent, lorsqu'on vend 4 fr. 50 cent. une marchandise qui ne coûtait que 4 fr.?

128. Ayant acheté pour 8500 fr. de blé, j'ai gagné 4 pour 100 en le revendant : combien ai-je reçu ?

129. En revendant des marchandises la somme de 5600 fr., je perds 4 fr. 50 cent. par cent : combien avais-je déboursé ?

130. Ayant acheté du drap à 15 fr. le mètre, je désire gagner 5 pour cent : combien dois-je le vendre ?

131. Ayant acheté de la toile pour 8600 fr., je l'ai

revendue 8500 fr. : combien ai-je perdu pour cent ?

132. Lorsqu'on donne 3500 pommes pour 87 fr. 50 cent. : à combien est-ce le mille ?

133. Lorsque le mille d'oranges se vend 150 fr. : combien en aura-t-on pour 715 fr. 20 cent. ?

134. Le demi-kilogramme de sucre coûte 1 franc 10 cent. : combien faudrait-il le revendre pour gagner 30 fr. par mille ?

135. Combien faut-il vendre de mètres de drap pour avoir un bénéfice de 830 fr., lorsqu'on gagne 50 fr. par mille, sachant qu'un mètre est vendu 25 fr. ?

136. Combien faudrait-il payer pour la commission de 130 balles de marchandises, à 16 fr. pour 4 balles ?

137. On sait que 14 hommes ont fait 70 mètres d'ouvrage : combien 42 hommes en feront-ils en travaillant également ? R. 210 mètres.

138. Un homme, pour 94 fr. 76 cent., a fait faire 16 mètres de toile : on demande combien coûteront 58 mètres ? R. 119 fr. 48 cent.

139. En revendant 136 fr. une marchandise, je gagne 34 fr. : combien aurais-je gagné si je l'avais vendue 156 ? R. 39 fr.

140. Pour 70 fr. 50 cent. j'ai eu 6 mètres de drap : combien me coûteront 143 mètres du même drap ? R. 1680 fr. 25.

141. 110 hectog. de sucre ont coûté 82 fr. 10 cent. : combien coûteront 990 hectogrammes du même sucre ? R. 738 fr. 90.

142. Deux pièces de toile de même qualité ont coûté, la première 362 fr. 60 centimes, la deuxième 317 fr.

275 millièmes : on désire connaître combien la première contient de mètres de plus que la seconde, sachant que 45 francs 325 millièmes sont le prix de 14 mètres ? R. 14 mètres.

143. Douze ouvriers en 16 jours travaillant 18 heures par jour, ont fait 96 mètres de drap : combien 8 ouvriers en 10 jours et 20 heures par jour en feront-ils ? R. 44 mètres 44 cent. 4/9.

144. Un maître de pension a fait construire une cloison de 14 mètres de long sur 12 de large, pour la somme de 270 fr. : combien dépensera-t-il pour une autre cloison de 14 mètres de long sur 14 mètres de large ? R. 315 fr.

145. On sait que 9 hommes en 15 jours ont fait 140 mètres d'ouvrage : combien 7 hommes en 35 jours en feront-ils ? R. 254 mètres $\frac{2}{17}$.

146. Un riche propriétaire a fait construire un fossé de 10 mètres 64 centimètres de long, sur 4 mètres 70 centimètres de large et 10 mètres de profondeur, pour la somme de 672 fr. : combien paiera-t-il pour un autre fossé de 32 mètres de long, sur 6 mètres 60 centimètres de large et 8 mètres 70 centimètres de profondeur ? R. 2469 fr. 12 cent. $\frac{1688}{6951}$.

147. Un maître cordonnier, qui avait 8 ouvriers, a fait faire 329 paires de souliers en 47 jours : combien, à proportion, en fera-t-il faire en 15 jours, en employant un même nombre d'ouvriers ? R. 105 paires.

148. En revendant une marchandise 650 fr., qui n'avait coûté que 520 fr., trois marchands ont eu sur ce gain, le premier 62 fr., le deuxième 50 fr., et le

troisième le reste ; dire quelle avait été la mise de chacun? R. Le premier 218 fr., le deuxième 200 fr., et le troisième 72 fr.

149. Trois ouvriers ont blanchi un mur de 150 mètres 50 centimètres de long, le premier y a travaillé pendant 8 jours et demi, le second 11 jours, et le troisième 11 jours : combien recevront-ils chacun, si on leur donne 305 fr. pour salaire? R. le premier 85 fr., le deuxième 110 fr., et le troisième 110 fr.

150. Deux personnes ont fait société; la première a mis 200 fr. et la deuxième 175 fr.; elles ont gagné 180 fr. : quelle sera la part de chacune? R. La première 96 fr., la deuxième 84 fr.

151. Deux marchands ont gagné 600 fr. avec 1500 fr. de fonds; le premier a reçu 325 fr., le deuxième 275 fr. : on demande quelle a été la mise de chacun? R. Le premier 812 fr. 50 cent., le deuxième 687 fr. 50 cent.

152 Trois négociants ont gagné 2823 fr. 50 cent.; le premier a eu 1000 fr., le deuxième 977 fr., et le troisième le reste : combien chacun avait-il mis, sachant que le fonds général était de 8470 fr. 50 c. ? R. Le premier 3000 fr., le deuxième 2931 fr., et le troisième 2539 fr. 50 cent.

153. Une couturière emploie 175 mètres de mousseline laine de 41 centimètres de large pour faire 25 robes; combien en faudrait-il si la mousseline n'avait que 395 millimètres de large? R. 191 mètres 936 millimètres $\frac{56}{79}$.

154. S'il a fallu 108 mètres de coutil pour faire

173 pantalons, le coutil ayant 75 centimètres de large ; quelle est la largeur d'une autre étoffe dont il ne faudrait que 176 mètres pour faire le même ouvrage ? R. 0 mètre 84 centimètres $\frac{2}{7}$.

155. Un marchand de couvertures en a à 23 fr. 90 cent. pièce et à 35 fr. 85 cent. ; il en a vendu 108 de la seconde sorte pour une certaine somme : combien faut-il qu'il en vende de la première pour recevoir la même somme ? R. 162 couvertures.

156. Pour 4872 fr. 50 cent. on a transporté 145 myriagrammes 45 hectog. de marchandises l'espace de 40 myriamètres. On demande à combien de myriamètres on transportera la même marchandise pour la somme de 2923 fr. 50 cent. ? R. 24 myriamètres.

157. Un marchand de vin a vendu 150 litres de vin pour 99 fr. 45 cent. ; il a reçu une somme égale pour d'autre vin qu'il vend à raison de 66 fr. 30 cent. les 150 litres : combien en livrera-t-il de litres ? R. 225 litres.

158. Un capitaine a de l'argent pour soudoyer 400 hommes pendant trois mois, en donnant à chacun 75 centimes par jour ; mais comme il a besoin de sa troupe pendant cinq mois : combien doit-il leur donner de paie ? R. 45 cent.

159. On a employé 8 ouvriers pour faire un ouvrage en 15 jours ; combien faudra-t-il d'ouvriers pour faire le même ouvrage en 5 jours ? R. 24 ouvriers.

160. Il a fallu 15 ouvriers pour faire un certain ouvrage en 6 jours : combien faudrait-il de jours à 5 ouvriers pour faire le même ouvrage ? R. 18 jours.

161. Une garnison de 500 hommes a des vivres pour 4100 fr ; on augmente cette garnison de 315 hommes : de combien à proportion faudra-t-il augmenter la somme des vivres ? R. 2583 fr.

162. Un bourgeois a fait tapisser une salle de 10 mètres de long sur 8 de large pour 135 fr. ; on demande combien il lui en aurait coûté si la salle avait été aussi large que longue ? R. 168 fr. 75 cent.

163. Un maître maçon a fait travailler 15 ouvriers qui, en 12 jours, ont fait 150 mètres d'ouvrage : combien 18 ouvriers en feront-ils en travaillant seulement 3 jours ? R. 45 mètres.

164. On vient demander à une marchande 500 gr. de sel et un mètre 25 de percale La marchande a égaré ses poids et perdu son mètre : comment fera-t-elle pour donner également sa marchandise ?

165 M. V. a fait un voyage à la Salette, il a fait provision de l'eau miraculeuse : dites la contenance en décimètres cubes et centimètres cubes, si 200 bouteilles de 50 centilitres sont pleines de cette eau ? Vous direz le poids de cette eau ?

166. Une feuille de 25 images est achetée 15 sous et demi : combien a-t-on vendu l'image si les ayant toutes vendues on trouve avoir gagné sur le tout 25 sous ?

167. On a enlevé d'un sac contenant un hectolitre de blé deux doubles décalitres que l'on a vendus à raison de 12 fr. le double décalitre ; en supposant qu'on veuille vendre ce qui reste dans ce sac au même prix : quelle est la valeur de ce qui reste ?

168. Dire combien il y a de dizaines dans 42 mille centaines de dizaines de mille de cent millièmes?

169. Dans une maison on a consommé, depuis le 1er janvier jusqu'au 28 février, 27 kilogrammes 735 grammes de pain par jour, à raison de 0 fr. 47 cent. le kilogramme : quelle sera la dépense de chaque personne dans ce même temps et la dépense par jour, en supposant qu'elles sont 43 personnes?

170. Un propriétaire reçoit annuellement de ses fermes la somme de 26280 fr. : combien a-t-il à dépenser par minute?

171. Un homme en mourant laisse à deux neveux la somme de 200000 fr. ; sur cette somme il doit 10000 fr. sur une maison et 25000 à plusieurs personnes : on demande ce que les deux héritiers doivent payer chacun, suivant leur part à la succession, le premier devant avoir les $\frac{7}{8}$ et le second le $\frac{1}{8}$? R. le premier paiera 30625 fr. et le deuxième 4375 fr.

172. Une bouteille contenant 75 centilitres est vendue 140 fr. le kilogramme : à combien le centimètre cube, et donnez le prix de la bouteille?

173. Si 12 mètres cubes coûtent 1114 fr. 25 cent. : à combien reviennent 12 millimètres cubes?

174. Combien faut-il de pièces de centimes placées bout à bout pour faire la longueur du mètre, en faire autant pour le décime, le franc, la pièce de 5 fr. et des pièces d'or de 20 fr. et de 100 fr. ?

175. Dites combien il faudrait de pièces d'un centime pour faire le poids d'un kilogramme, en dire autant pour les pièces précédentes, et

176. Quelle est la capacité en centimètres cubes d'un vase qui contient un demi-hectolitre ; de plus, dire le poids de cette eau en kilogr. ?

177. J'ai acheté 34000 bouteilles pour la somme de 7480 fr. ; je les revends 25 fr. le cent : quel sera mon bénéfice net ayant dépensé 135 fr. pour le port et 75 fr. de commission ?

178. Un jardin a 44 mètres de longueur sur 36 de largeur, est entouré d'une grille en fer composée de 480 barreaux ayant chacun 0 mètre 04 cent. d'équarrissage sur 3 mètres de hauteur, avec trois traverses de même grosseur : on demande quel est le prix de cette grille, si le décimètre cube de fer pèse 7 kilogr. et qu'on l'estime 1 fr. 50 le kilogr.

179. Combien pourrait-on placer de pièces de 5 fr. sur la surface d'un tableau qui a un mètre 25 cent. de largeur et 0 mètre 50 de longeur.

180. Comment devait s'arranger une brave femme qui, ayant acheté une pièce contenant 25 mètres, a dû la vendre à l'aune, ne voulant faire ni gain ni perte ?

181. Un inspecteur demande à un enfant s'il pourrait lui dire combien il avait fait de kilomètres pour faire visite à sa classe, le nombre de pas étant 15090100 : qu'auriez-vous répondu à sa place ?

182. D'Angers à Paris on compte 72 lieues. Une locomotive, une diligence chargée et un homme à pied, partent en même temps : faire connaître combien de temps de plus il faudra à la diligence et au piéton ?

183. Une veuve a fait son testament comme suit : « Je veux que toute ma succession soit vendue et di-

» visée en dix parts, dont je lègue quatre à mon frère
» et six aux héritiers de mon mari. »

Les héritiers de mon mari sont 15 neveux et nièces
et ils reçoivent chacun 322 fr.

Premier problème à résoudre :

Un des 15 héritiers vend sa part à un autre sur le
pied de 5 % ou pour un vingtième de la succession :
on demande lequel a gagné à ce marché, et quel est le
gain ?

Deuxième problème :

Sachant que la part de chacun des 15 est 322 fr. :
on demande à quelle somme s'est monté le total de la
succession ?

184. Quel est le dividende d'une division dont le
quotient est 1111, le diviseur 1111, et le reste 1110 ?

185. Que vaudra la récolte en froment de 12 hectares 48 de terre, si chaque hectare a fourni 35 hectolitres de grain pesant chacun 76 kilog. et vendus
24 fr. 50 les 120 kilog ? Quel sera le bénéfice du
cultivateur, si les frais s'élèvent à 171 fr. par hectare ?

186. Un are donne 13 litres 75 de graine de lin ;
le décalitre de cette graine pèse 6 kilog. 4 et fournit
21 hectog. d'huile estimée à 0 fr. 85 le kilog. Quelle est
la valeur de l'huile que donne la récolte d'un champ de
14 hect. 7 ares 55 cent. ?

187. Un cultivateur destine 3 hect. 25 à la culture
du seigle : combien doit-il employer de fumier pour
récolter 20 hectolitres de ce grain par hectare, sachant
que l'hectolitre pèse 72 kilog.; que le poids de la
paille est double de celui du grain, et qu'il faut

200 kilog. de fumier pour 100 kilogrammes de paille et de grain réunis ?

188. La surface d'une classe contient 97 mètres carrés 09 ; l'étendue assignée pour chacun des élèves est de 68 décimètres carrés 19 centimètres carrés ; de plus, les vides nécessaires pour la circulation comprennent 15 mètres carrés 76, et l'espace pris par l'estrade égale celui qu'occupent 7 élèves : on demande combien la salle peut recevoir d'enfants ?

189. Un bec de gaz consomme 1 hectolitre de gaz par heure, le mètre cube de gaze coûte 0 fr. 40 ; quelle sera la dépense annuelle de 3 becs de gaz allumés en moyenne 4 heures par jour ?

190. On sait quel est le titre de la monnaie d'argent ; on connaît aussi la valeur du kilogramme d'argent monnayé. En supposant qu'un kilogramme d'argent pur vaille 222 fr. , quelle sera la valeur d'un kilogramme du cuivre employé dans la fabrication de la monnaie ? (On fait abstraction du prix de la main-d'œuvre.)

191. Un boulanger a acheté 7 mètres cubes 364 de blé, à raison de 21 fr. 50 l'hectolitre, dont le poids est de 83 kilog. 37 ; il doit payer 0 fr. 03 par tonne et par kilomètre pour le transport de ce blé à 12 myriam. 57, et on lui accorde en outre 5 fr. 55 par hectolitre pour frais de fabrication du pain ; le blé lui donne 81 kilog. 57 de farine par quintal, et la quantité de pain qu'il obtient est les $\frac{14}{11}$ du poids de la farine employée. Trouver le poids et le prix du pain provenant de la quantité donnée de blé et le prix par kilogramme ?

192. Un négociant a acheté 24 barils d'huile d'olive,

contenant chacune 115 litres, au prix de 220 fr. les 100 kilog. : combien gagnera-t-il, s'il revend cette huile 2 fr. 50 le kilog., supposé qu'il y ait eu 5 litres de perte sur chaque baril, et que l'hectolitre d'huile d'olive pèse 91 kilog. 5 ?

193. Un propriétaire de vignes a vendu le vin de sa récolte à raison de 79 fr. 92 le tonneau, contenant un poids de vin égal à 199 kilogram. 8 hectog. Ce vin pèse, à volume égal, les 0,925 de ce que pèse l'eau. On demande : 1° quel est le prix de l'hectolitre ; 2° quelle somme d'argent monnayé aurait un poids égal à celui du vin que renferme un des tonneaux dont il s'agit ; 3° quel poids d'argent pur serait contenu dans cette somme.

194. Un bassin de la contenance de 3 mètres cubes est alimenté par 2 robinets ; le 1er robinet donne 480 litres en une heure, et le 2° 360. On demande combien de temps il faut laisser couler chaque robinet séparément pour remplir le bassin en 7 heures ?

195. On vend une récolte de 12 mètres cubes $\frac{5}{7}$ de froment à raison de 23 fr. 50 l'hectolitre, en garantissant un poids de 79 kilog. par hectol., sauf à réduire ce prix suivant le poids. Ce froment ne pèse que 77 kilog. l'hect. On demande : 1° le prix de cette vente ; 2° le poids total du froment vendu.

196. Un marchand a acheté 27 pièces de drap, de 60 mètres chacune, à raison de 23 fr. 75 le mètre : il a vendu le tout avec un bénéfice de 7 1/2 pour °/₀. On demande le prix d'achat, le prix de vente et le bénéfice du marchand ?

PRINCIPES DE DIVISIBILITÉ DES NOMBRES
et principaux caractères de divisibilité.

La divisibilité des nombres repose sur trois prin-
ipes :

1° *Tout nombre qui en divise plusieurs autres
divise aussi leur somme.*

2° *Tout nombre qui en divise deux autres divise
aussi leur différence.*

3° *Tout nombre qui en divise un autre divise aussi
es multiples.*

I. — Soient les nombres 8, 12, 20 chacun divisible
par 4, prouvons que leur somme 40 est aussi divisible
par 4.

En effet, 8 étant un multiple de 4 par 2, est égal à
4 répété deux fois ou 4 + 4, de même 12 étant un
multiple de 4 par 3, est égal à 4 répété trois fois ou
4 + 4 + 4, et 20 étant un multiple de 4 par 5, est égal
à 4 répété cinq fois ou 4 + 4 + 4 + 4 + 4. Or,
il est évident que la somme de ces trois nombres renfermant 4 un nombre exact de fois, ne peut être qu'un
multiple de 4, c'est-à-dire est divisible par 4.

II. — Soient les deux nombres 30 et 18, chacun
divisible par 6, leur différence sera pareillement divisible par 6.

En effet, 30 est un multiple de 6 par 5 ou égale
6 + 6 + 6 + 6 + 6. De même 18 est un multiple

de 6 par 3 ou égale 6 + 6 + 6. Or, si d'un nombre exact de fois 6 on retranche un autre nombre exact de fois 6, le reste ne peut contenir 6 qu'un nombre exact de fois, c'est-à-dire que le reste est un multiple de 6.

III. — Quant au troisième principe, il n'est qu'une conséquence du premier, en supposant que les divers nombres que l'on ajoute soient égaux entre eux.

Les caractères usuels de divisibilité sont ceux par 2 et 5 ; 4 et 25 ; 8 et 125 ; celui par 3 ou 9.

Pour les caractères de divisibilité par 2 ou 5, 4 ou 25, 8 ou 125, il faut remarquer que les facteurs 2 et 5 entrent dans le nombre 10 une seule fois, deux fois dans le nombre 100, trois fois dans le nombre 1,000, et ainsi de suite.

Conséquemment, si l'on décompose en dizaines et unités dans le premier cas, et si l'on décompose dans le deuxième cas le nombre donné en centaines et unités, et dans le troisième en mille et unités, le nombre proposé aura été décomposé en deux parties, dont la première sera toujours multiple de 2 et 5... La deuxième partie qui sera exprimée par le dernier, ou les deux derniers, ou les trois derniers, etc., chiffres à droite, rendra le nombre divisible par l'un des nombres précédents, selon qu'elle le sera elle-même.

D'où les caractères de divisibilité suivants :

1° *Tout nombre est divisible par 2 ou 5 lorsque le dernier chiffre est un zéro ou est divisible par 2 ou par 5.*

2° *Tout nombre est divisible par 4 ou par 25 lorsque*

les deux derniers chiffres sont des zéros ou forment un nombre divisible par 4 ou par 25.

3° Tout nombre est divisible par 8 ou par 125 lorsque les trois derniers chiffres sont des zéros ou forment un nombre divisible par 8 ou par 125.

On pourrait continuer de la même manière pour les puissances suivantes de 2 et de 5.

CARACTÈRES DE DIVISIBILITÉ PAR 3 OU PAR 9.

Ce caractère est fondé sur ce principe qu'une puissance quelconque de 10 devient divisible par 3 ou par 9, lorsqu'on en retranche une unité. En effet, l'unité suivie d'autant de zéros que l'on voudra, ou un nombre tel que 100000 étant diminué d'une unité, se compose alors d'autant de 9 qu'il y avait auparavant de zéros dans la puissance ; et comme un nombre qui ne renferme que des 9 est évidemment divisible par 3 ou par 9, on en conclut la propriété énoncée.

Cela posé, soit un nombre tel que 5496...

On peut d'abord le décomposer en mille, centaines, dizaines et unités... ce qui donne :

5496 = 5000 + 400 + 90 + 6 ou encore 5 × 1000 + 4 × 100 + 9 × 10 + 6. Maintenant, si l'on diminue d'une unité les nombres 1000, 100 et 10, ils deviendront divisibles par 3 et par 9. Les produits de ces nombres par 5, 4 et 9, le seront aussi en vertu du troisième principe de divisibilité. Mais en diminuant dans chacun de ces produits partiels le multiplicateur d'une unité, le produit diminue d'une fois le multiplicande, c'est-à-dire des nombres 5, 4 et 9... Donc, si ces trois nombres plus le dernier sont divisibles par 3 ou par 9, le nombre total le sera aussi, ou, en d'autres termes, un nombre est divisible par 3 ou par 9 lorsque la somme de ces chiffres considérés comme des unités simples est divisible par 3 et par 9; et si elle ne l'est pas, le reste de la division par 3 ou par 9 de ce nombre sera le même que celui de la division par 3 ou par 9 de la somme des chiffres dont il est composé.

Preuve par 9.

La facilité avec laquelle on trouve le reste de la division d'un nombre par 9 fournit une méthode très-simple pour faire la preuve de la multiplication.

Cette méthode, connue sous le nom de preuve par 9, est fondée sur le principe suivant :

Le reste que l'on trouve en divisant par 9 le produit de deux nombres, est égal à celui que l'on obtient en divisant par 9 le produit des deux restes que donne la division des nombres proposés par ce même diviseur 9.

Pour faire la preuve de la multiplication, *il faut additionner successivement les chiffres du multiplicande , considérés comme représentant des unités simples, il faut diminuer chaque somme partielle de 9 quand la chose sera possible, et l'on obtiendra ainsi le reste que donnerait la division de ce multiplicande par 9. Ce reste se place dans l'une des branches d'une croix oblique, placée à la droite de la multiplication.*

On opère de la même manière sur le multiplicateur en écrivant le reste dans l'autre branche.

On multiplie les deux restes l'un par l'autre et on en retranche encore le nombre 9. Si la multiplication a été bien faite, le reste que l'on retrouvera ainsi devra être le même que celui que l'on obtiendra en opérant sur le produit comme on l'avait fait sur ses facteurs.

EXEMPLE :

$$
\begin{array}{r}
8764 \\
4034 \\
\hline
35056 \\
26292 \\
52584 \\
35056 \\
\hline
40612376
\end{array}
$$

Pour la preuve par 9 de la division, *il faut retrancher le reste du dividende ; et le nombre résultant étant le produit du diviseur par le quotient, on pourra le vérifier par la méthode précédente.*

NOMBRES PREMIERS.

On appelle nombre premier tout nombre qui n'a pour diviseur que lui-même et l'unité.

On appelle nombres premiers entre eux les nombres qui n'ont pas d'autres diviseurs communs que l'unité.

Pour obtenir tous les nombres premiers, on écrira

d'abord les nombres 1 et 2, puis tous les nombres impairs jusqu'à celui auquel on voudra s'arrêter; et alors tous les multiples de 3, de 5, de 7, de 11, etc., il faudra compter de 3 en 3 ou de 5 en 5, de 7 en 7, de 11 en 11, etc., et enlever tous les nombres sur lesquels on tombera.

Cela vient de ce que la différence entre deux nombres impairs consécutifs est 2; cette différence devient 4, 6, 8, etc., en prenant les nombres impairs éloignés de 2, de 3, de 4, etc., rangs vers la droite.

En effet, pour le facteur 3, le plus petit multiple impair se compose évidemment du plus petit multiple pair, ou 6 augmenté de 3; donc, il faut ajouter 6 à 3 pour avoir ce plus petit multiple, ou, ce qui revient au même, prendre le nombre impair de trois rangs à la droite du 3.

De même pour 5, le plus petit multiple impair de 5 après 5 ne peut le surpasser que de 10 unités; et pour avoir un nombre impair surpassant le précédent de 10 unités, il faut évidemment compter de 5 en 5.

On peut remarquer que les premiers multiples à effacer seront les secondes puissances ou carrés des facteurs que l'on considère, puisque tous les autres multiples de ce nombre premier par les nombres précédents auront déjà été effacés.

<h3 style="text-align:center">SUR LE PLUS GRAND COMMUN DIVISEUR ENTRE DEUX NOMBRES.</h3>

Le plus grand commun diviseur entre deux nombres

à pour but de trouver le nombre le plus grand qui
divise ces deux nombres à la fois.

	1	2	1	2
132	96	36	24	12
36	24	12		

DÉMONSTRATION. — Soit à trouver le plus grand
commun diviseur entre 96 et 132.

On divise 132 par 96 ; car il est évident que si le
plus petit nombre était contenu dans l'autre un nombre
exact de fois, il serait lui-même le plus grand commun
diviseur. S'il y a un reste, on écrira que le dividende
est égal au diviseur multiplié par le quotient plus le
reste. On aura donc dans l'exemple précédent $132 = 96 \times 1 + 36$.

RÈGLE. — *On divise le plus grand nombre par le
plus petit, si la division se fait exactement, le plus
petit des deux nombres est le plus grand commun diviseur ; mais s'il y a un reste, on divise le plus petit
nombre par ce reste, et l'on continue ainsi l'opération
jusqu'à ce qu'on obtienne un quotient exact ; le dernier
diviseur se : le plus grand commun diviseur. Si on
tombe sur 1 pour dernier reste ou dernier diviseur,
on est assuré qu'il n'y a pas de diviseur commun
pour les deux nombres,*

Soit à trouver le diviseur commun entre 264 et 96.

	2	1
264	96	72
72	24	

DISPOSITION DE L'OPÉRATION.

On écrit comme à l'ordinaire chaque diviseur successif à droite du précédent, en les séparant par un trait vertical ; on sépare les quotients et les restes des diviseurs successifs à l'aide de deux traits horizontaux ; les quotients se placent au-dessus du premier trait horizontal, et à droite, tandis que les restes se placent au-dessous du second trait horizontal et à gauche.

RAISONNEMENT. — Comme dans toute division le dividende est égal au diviseur multiplié par le quotient plus le reste, on pose $264 = 96 \times 2 + 72$.

Or, tout nombre qui divise 264 et 96, divisant aussi le multiple de 96 par 2, divise une somme et l'une de ses parties ; donc en vertu du deuxième principe, ce nombre divisera la seconde partie 72... Ce même diviseur divisant à la fois 96 et 72 ne peut être plus grand que leur plus grand commun diviseur.

Réciproquement, le plus grand commun diviseur entre 96 et 72 ne peut être plus grand que le premier plus grand commun diviseur entre les deux premiers nombres.

En effet, le plus grand commun diviseur entre 96 et 72 divise évidemment ces deux nombres ; donc il divise aussi le multiple de 96 ou 96 $\times$ 2. Divisant les deux parties d'une somme 264, il divise aussi cette somme d'après le premier principe de divisibilité, et par conséquent, divisant à la fois 264 et 96, il ne peut être plus grand que leur plus grand commun diviseur.

Ces deux plus grands communs diviseurs étant égaux, le raisonnement conduit à déterminer le plus grand commun diviseur entre le premier diviseur et le reste. En continuant cette série de raisonnements, on voit qu'il faut continuer les divisions jusqu'à ce que l'on ait trouvé un reste qui soit contenu exactement dans le reste précédent.

REMARQUE. — *Lorsque l'un des restes est un nombre premier, si ce reste ne divise pas exactement le reste précédent, il sera inutile de poursuivre l'opération, puisque s'il existait un plus grand commun diviseur, il devrait diviser ce nombre premier, ce qui est contraire à la définition.*

FRACTIONS ORDINAIRES OU A DEUX TERMES.

Notions générales.

La division conduit naturellement aux fractions ordinaires et réciproquement les fractions servent à compléter le quotient, quand la division donne un reste.

En effet, soit à diviser 37 par 8.

$$\begin{array}{r|l} 37 & 8 \\ \hline 5 & 4\frac{1}{2} \end{array}$$

Ou, autrement dit, à partager 37 en 8 parties égales.

Le quotient, à moins d'une unité près, est 4, et il reste encore 5 à partager en 8 parties égales.

. 1. *Une fraction est une partie de l'unité.*

2. Une fraction se compose de deux éléments appelés *termes*, l'un représente en combien de *parties égales* l'unité a été partagée et se nomme *dénominateur*; et l'autre, combien l'on prend de ces parties, on l'appelle *numérateur*. Ainsi, la fraction $\frac{3}{4}$ trois quarts, indique que l'unité est partagée en quatre parties égales et que l'on en prend trois.

3. Le numérateur se place au-dessus du dénomi-

nateur dont on le sépare par un trait horizontal.

Numérateur vient du mot *numerus*, dénombrement, et le mot dénominateur de *nomen*, nom, c'est-à-dire désignation.

4. *On énonce une fraction ordinaire en énonçant d'abord le numérateur comme un nombre entier, puis le dénominateur en ajoutant la terminaison ième.*

Les trois premiers $\frac{1}{2}$ $\frac{1}{3}$ $\frac{1}{4}$, que l'on énonce : une demi, un tiers, un quart, font seules exception à la règle.

Les fractions décimales sont un cas particulier des fractions ordinaires, c'est celui où l'unité est partagée suivant les multiples décuples de 10.

De la définition donnée des fractions résultent les principes suivants :

5. 1° *Lorsque l'on multiplie ou que l'on divise le numérateur par 2, 3, 4, etc., la fraction devient 2, 3, 4, etc., fois plus grande ou plus petite.* En effet, le dénominateur ne changeant pas, l'unité est partagée dans le même nombre de parties; et comme l'on en prend 2, 3, 4, etc., fois plus ou moins, la fraction devient 2, 3, 4, etc., fois plus grande ou plus petite.

Si au lieu de multiplier ou de diviser le numérateur on l'augmente ou on le diminue, la fraction augmentera ou diminuera.

6. 2o *Lorsque l'on multiplie ou que l'on divise le dénominateur par 2, 3, 4, etc., la fraction devient le même nombre de fois plus petite ou plus grande, parce que l'unité étant partagée en 2, 3, 4, etc., fois plus ou moins de parties, ces parties sont 2, 3, 4, etc., fois plus petites ou plus grandes; et comme l'on en prend le même nombre, la fraction devient ce nombre de fois plus petite ou plus grande.*

Si l'on augmente ou si l'on diminue le dénominateur, la fraction diminuera ou augmentera.

7. Il résulte de là : 1o *Que l'on peut multiplier une fraction de deux manières, soit en multipliant le numérateur, soit en divisant le dénominateur.*

8. 2e *Que l'on peut diviser aussi une fraction de deux manières, soit en divisant son numérateur, soit en multipliant son dénominateur.*

9. 3o *Qu'une fraction ne change point lorsque l'on multiplie ou que l'on divise les deux termes par un même nombre, parce qu'il y a compensation.*

Il n'en serait pas de même si l'on ajoutait ou retranchait un même nombre aux deux termes.

Prenons pour exemple $\frac{4}{5}$; sa différence avec l'unité est $\frac{1}{5}$, différence que l'on obtient en retranchant le numérateur du dénominateur.

En ajoutant un nombre quelconque, par exemple 4, on aura $\frac{8}{9}$.. or la différence entre le numérateur et le dénominateur ne change pas, mais le dénominateur est plus grand, le reste est plus petit, et par conséquent la nouvelle fraction diffère moins de l'unité et est par conséquent plus grande.

Par une raison semblable, en retranchant un même nombre des deux termes de la fraction, la fraction diminuerait.

10. *Deux fractions qui ont la même valeur, sous une forme différente, sont dites équivalentes.*

Ainsi, $\frac{12}{32} = \frac{6}{16} = \frac{3}{8} = \frac{4}{4} = \frac{1}{4}$ sont des fractions équivalentes et elles ne diffèrent que par la grandeur des termes qui en sont l'expression.

11. *Une fraction est réductible ou simplifiable lorsque l'on peut diviser ses deux termes par un même nombre.*

12. *Lorsqu'au contraire, il n'y a aucun fac-*

teur commun aux deux termes, la fraction est dite irréductible.

QUESTIONNAIRE.

1. Qu'est-ce qu'une fraction ?
2. Qu'est-ce que le dénominateur, qu'exprime-t-il?
2. Qu'est-ce que le numérateur, qu'exprime-t-il ?
3. Comment écrit-on une fraction ?
4. Comment énonce-t-on une fraction ?
5. Qu'arrive-t-il si l'on multiplie le numérateur, si on le divise, si on l'augmente, si on le diminue?
6. Qu'arrive-t-il si l'on multiplie le dénominateur, si on le divise, si on l'augmente, si on le diminue ?
7. De combien de manières peut-on multiplier une fraction, et laquelle préférer ?
8. De combien de manières peut-on diviser une fraction et laquelle doit-on préférer ?
9. Qu'arrive-t-il si l'on multiplie ou si l'on divise les deux termes d'une fraction par un même nombre.
0. En serait-il de même si l'on augmentait ou si l'on diminuait les deux termes d'une fraction d'un même nombre ?
10. Qu'est-ce qu'une fraction équivalente ?
11. Quand est-ce qu'une fraction est réductible ou simplifiable?
12. Quand est-elle irréductible ?

EXERCICES.

1. Énoncer les fractions suivantes :

$$\frac{3}{8}\quad\frac{5}{7}\quad\frac{17}{33}\quad\frac{97}{103}\quad\frac{158}{311}\quad\frac{341}{707}\quad\frac{4016}{8146}$$

Exprimer qu'on a partagé un objet en 143 parties égales et qu'on prend 85 de ces parties.

Ecrire les fractions *trois quarts*, sept *dix-huitièmes*, vingt-neuf *quarante-septièmes*, cent six *deux cent vingtièmes*, trois mille quarante et un *sept mille neuf cent dix-septièmes*.

Faire les divisions suivantes et compléter le quotient :

42 : 5 ; 324 : 7 ; 459 : 13 ; 6958 : 345 ; 316738 : 4327

Quel est le tiers de 28, le cinquième de 29 ?

On a partagé un objet en 15 parties égales et l'on a pris 7 de ces parties; une autre fois on a partagé le même objet en 16 parties égales et l'on a pris 6 de ces parties. La seconde fraction est-elle plus grande ou plus petite que l'autre ?

Rendre 5 fois plus grand $\frac{3}{4}$.

Rendre 7 fois plus petit $\frac{3}{9}$.

Rendre 15 fois plus grand $\frac{2}{3}$.

Quel est le nombre 3 fois plus grand que $\frac{5}{13}$.

Quel est le nombre 5 fois plus petit que $\frac{3}{18}$.

Quel est le nombre 7 fois plus grand que $\frac{3}{8}$.

Quel est le nombre 9 fois plus petit que $\frac{3}{5}$.

RÉDUCTIONS DES FRACTIONS

1. *Les réductions des fractions sont divers changements qu'on leur fait subir, sans que pour cela elles changent de valeur.*

2. Les principales réductions sont au nombre de cinq :

1º *Convertir un nombre entier en fraction.*

2º *Réduire un nombre entier et une fraction en une seule expression fractionnaire.*

3º *Réduire des fractions en entiers lorsqu'elles en contiennent.*

4º *Simplifier les fractions.*

5º *Réduire les fractions au même dénominateur.*

3. PREMIÈRE RÉDUCTION. *On convertit les entiers en fractions en les multipliant par le dénominateur de l'espèce donnée.*

Soit 4 entiers à réduire en sixièmes; je multiplie 4 par 6 et j'ai $\frac{24}{6}$.

4. DEUXIÈME RÉDUCTION. Pour réduire un nombre entier et une fraction en une seule

expression fractionnaire, *on multiplie le nombre entier par le dénominateur, et l'on ajoute le numérateur au produit sans rien changer au dénominateur.*

Exemple : Soit 5 unités $\frac{2}{7}$ à réduire en fractions; je multiplie 5 par 7 et joignant ce produit au numérateur 2, je trouve $\frac{37}{7}$.

EXERCICES SUR LA 1re ET 2e RÉDUCTION.

Quelle est l'expression de 9 entiers en neuvièmes, en vingtièmes, en quinzièmes, en dixièmes, etc.

Réduire en nombres fractionnaires $9 + \frac{1}{4}$, $28 + \frac{13}{17}$, $10 + \frac{1}{3}$, $7 + \frac{5}{6}$, $8 + \frac{11}{13}$, $24 + \frac{5}{6}$, etc.

5. **TROISIÈME RÉDUCTION.** Quand la supériorité du numérateur sur le dénominateur avertit qu'il y a des entiers sous la forme fractionnaire, pour extraire les entiers qui s'y trouvent, *on divise le numérateur par le dénominateur ; le quotient exprime les entiers renfermés sous l'expression fractionnaire, et s'il y a un reste, on le place comme numérateur au-dessus du dénominateur.*

EXERCICES SUR LA 3ᵉ RÉDUCTION.

Combien y a-t-il d'entiers dans [illegible], [illegible], [illegible], [illegible], [illegible], [illegible], [illegible] ?

6. QUATRIÈME RÉDUCTION. Pour simplifier une fraction *on divise successivement les deux termes par 2, 3, 5, et généralement par la suite des nombres premiers jusqu'à ce qu'il n'y ait plus aucun facteur commun.*

La simplification des fractions repose sur ce principe : que l'on *peut diviser les deux termes d'une fraction par un même nombre sans en changer la valeur.*

Lorsque ces deux termes sont considérables et que l'on n'aperçoit aucun facteur commun, il faut chercher le plus grand commun diviseur (voir le chapitre qui précède les fractions).

Lorsque la fraction ne peut être simplifiée, on peut en obtenir une valeur approchée ou approximative par un moyen bien simple qui consiste : *à diviser le numérateur et le dénominateur par le numérateur, ce qui réduira la fraction à une autre ayant l'unité pour numérateur.*

Soit la fraction [illegible]. Divisant les deux termes par le numérateur, je trouve 1 pour le numérateur;

et pour le dénominateur un quotient compris entre
4 et 5; la fraction proposée est donc comprise entre
$\frac{1}{4}$ et $\frac{1}{3}$.

EXERCICES SUR LA 4° RÉDUCTION.

1. Donner une forme plus simple aux frac-
tions : $\frac{8}{14}$, $\frac{4}{16}$, $\frac{5}{16}$, $\frac{7}{12}$, $\frac{9}{90}$, $\frac{34}{128}$, $\frac{75}{130}$, $\frac{232}{1260}$, $\frac{320}{840}$, $\frac{1690}{1600}$, $\frac{18000}{119600}$.

2. Réduire à leur plus simple expression les
fractions : $\frac{48}{174}$, $\frac{888}{296}$, $\frac{2405}{2492}$, $\frac{6366}{7772}$, $\frac{50281}{43563}$.

3. Entre quelles fractions sont comprises :
$\frac{21}{64}$, $\frac{127}{545}$, $\frac{3548}{17965}$, $\frac{62550}{848963}$, $\frac{639685}{75601451}$.

7. CINQUIÈME RÉDUCTION. *La réduction des
fractions au même dénominateur a pour but de
ramener plusieurs fractions données à d'autres
fractions équivalentes ayant le même dénominateur.*

Cette opération est indispensable; car l'on ne peut
comparer des quantités qu'autant qu'elles sont de la
même nature; donc les fractions qui ne sont pas réduites au même dénominateur se rapportant à l'unité
partagée de diverses manières, ne sont pas des quantités comparables.

On distingue trois cas :

1° *Celui où il n'y a aucun facteur commun
parmi les dénominateurs.*

Exemple : $\frac{2}{3}$, $\frac{4}{7}$, $\frac{5}{8}$.

2° *Celui où l'un des dénominateurs est divisible par tous les autres.*

Exemple : $\frac{11}{24}$, $\frac{5}{6}$, $\frac{4}{12}$, $\frac{1}{2}$, $\frac{5}{8}$.

3° *Celui où les dénominateurs renferment des facteurs communs.*

Exemple : $\frac{11}{18}$, $\frac{5}{6}$, $\frac{7}{15}$, $\frac{11}{20}$, $\frac{5}{8}$.

8. Dans le premier cas, s'il n'y a que deux fractions, *on multiplie les deux termes de la première par le dénominateur de la seconde, et les deux termes de la seconde par le dénominateur de la première.*

S'il y a plus de deux fractions, *on multiplie les deux termes de chaque fraction par le produit effectué de tous les autres dénominateurs.*

Example : soit les fractions $\frac{2}{3}$ et $\frac{3}{4}$: je dis pour la première $4 \times 2 = 8$, puis $4 \times 3 = 12$, et j'obtiens $\frac{8}{12}$; je dis pour l'autre : $3 \times 3 = 9$, puis $4 \times 3 = 12$; et j'obtiens $\frac{9}{12}$; d'où résultent ces deux fractions $\frac{8}{12}$ et $\frac{9}{12}$.

On dispose ordinairement l'opération en plaçant chaque fraction réduite au-dessous de celle qu'elle représente, ainsi qu'il suit :

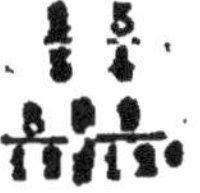

$$\frac{2}{3} \quad \frac{3}{4}$$
$$\frac{8}{12} \quad \frac{9}{12}.$$

La fraction $\frac{2}{3} = \frac{8}{12}$ et $\frac{3}{4} = \frac{9}{12}$. On voit donc que la fraction $\frac{2}{3}$ est plus petite que $\frac{3}{4}$.

Exemple : soit les fractions $\frac{1}{2} \ \frac{2}{3} \ \frac{3}{5} \ \frac{5}{7}$.

Je dispose le calcul comme suit :

$\dfrac{1}{2}$	$\dfrac{2}{3}$	$\dfrac{3}{5}$	$\dfrac{5}{7}$
105	140	126	150
210	210	210	210

$$3 \times 5 \times 7 \qquad 2 \times 5 \times 7 \qquad 2 \times 3 \times 7 \qquad 2 \times 3 \times 5$$
$$= 105 \times 1 \qquad = 70 \times 2 \qquad = 42 \times 3 \qquad = 30 \times 5$$
$$= 105 \times 2 \qquad = 140 \qquad = 126 \qquad = 150$$
$$= 210 \qquad 70 \times 3 = 210 \qquad 42 \times 5 = 210 \qquad 30 \times 7 = 210$$

9. La réduction des fractions au même dénominateur est fondée sur deux principes fondamentaux :

1° *Qu'on ne change pas la valeur d'une fraction en multipliant ses deux termes par le même nombre.*

2° *Que le produit d'autant de facteurs que l'on voudra ne change pas dans quelque ordre qu'on les multiplie.*

Dans le deuxième cas, *on divise le plus grand dénominateur par tous les autres, et l'on multiplie les deux termes par les quotients.*

$\frac{11}{24}$, $\frac{3}{8}$, $\frac{5}{12}$, $\frac{1}{2}$, $\frac{5}{6}$, sont égales à $\frac{11}{24}$, $\frac{9}{24}$, $\frac{10}{24}$, $\frac{12}{24}$, $\frac{20}{24}$.

Dans le troisième cas, *on écrit sous chaque dénominateur le nombre de fois que les nombres premiers, 2, 3, 5, etc., y sont contenus, ensuite, on écrit à part ces plus hauts nombres de fois; leur produit sera le dénominateur commun, et chaque numérateur sera multiplié par les facteurs qui manquent à son dénominateur. Ainsi les nombres premiers qui entrent dans les dénominateurs des fractions :*

$$\frac{11}{18}, \qquad \frac{5}{9}, \qquad \frac{7}{1}, \qquad \frac{17}{20},$$

$$2 \times 3 \times 3 \quad 3 \times 3 \quad 3 \times 5 \quad 2 \times 2 \times 5 \quad 5$$

sont $2 \times 2 \times 3 \times 3 \times 5 = 180$.

D'après cela, on voit qu'il manque à la fraction $\frac{11}{18}$ les facteurs 2 et 5, par conséquent on aura $\frac{11}{18} = \frac{11 \times 10}{18 \times 10} = \frac{110}{180}$; de même les deux termes de la fraction $\frac{5}{9}$ seront multipliés par les facteurs 2, 2 et 5 qui manquent au dénominateur 9, ce qui donne $\frac{5}{9} = \frac{5 \times 20}{9 \times 20} = \frac{110}{180}$ ou autrement on obtient :

$$\frac{110}{180}, \frac{100}{180}, \frac{84}{180}, \frac{153}{180}, \frac{72}{180}.$$

Ces résultats sont beaucoup plus simples que ceux

ARITHMÉTIQUE.

que l'on obtiendrait par le premier cas ; car le dénominateur serait 343000, nombre 1350 fois plus grand que 180.

EXERCICES.

Réduire au même dénominateur les groupes des fractions suivantes :

$$\frac{1}{2}\ \frac{4}{5}\ ;\quad \frac{2}{7}\ \frac{4}{9}\ \frac{3}{11}\ ;\quad \frac{3}{7}\ \frac{5}{5}\ \frac{6}{11}\ \frac{2}{5}\ ;\quad \frac{4}{17}\ \frac{3}{11}\ \frac{8}{19}\ \frac{7}{13}.$$

$$\frac{1}{3}\ \frac{5}{16}\ ;\quad \frac{1}{4}\ \frac{5}{16}\ \frac{8}{5}\ ;\quad \frac{8}{14}\ \frac{5}{28}\ \frac{9}{7}\ \frac{3}{56}\ ;\quad \frac{5}{4}\ \frac{9}{16}\ \frac{7}{64}\ \frac{5}{8}.$$

$$\frac{2}{21}\ \frac{5}{9}\ ;\quad \frac{5}{17}\ \frac{21}{36}\ \frac{17}{43}\ ;\quad \frac{1}{2}\ \frac{5}{6}\ \frac{2}{5}\ \frac{2}{4}\ ;\quad \frac{1}{21}\ \frac{5}{12}\ \frac{2}{7}\ \frac{1}{13}.$$

QUESTIONNAIRE.

1. Qu'appelle-t-on réductions de fractions ?

2. Quelles sont les principales et comment opère-t-on pour chacune ?

3. Comment convertir les entiers en fractions ?

4. Comment réduit-on un nombre entier et une fraction en une seule expression fractionnaire ?

5. Comment réduit-on des fractions en entiers ?

6. Comment simplifie-t-on une fraction ?

7. Comment trouve-t-on le plus grand diviseur commun ?

7. Qu'est-ce que la réduction des fractions au même dénominateur ?

7. A quoi sert cette réduction ?

8. Comment réduit-on deux ou plusieurs fractions au même dénominateur ?

9. Sur quels principes est fondée la réduction au même dénominateur ?

9. Connaissez-vous un moyen d'abréger la réduction au même dénominateur ?

ADDITION DES FRACTIONS.

Soit : $\frac{4}{5} + \frac{2}{5} + \frac{1}{5} + \frac{3}{5}$.

1. RÈGLE. On effectue l'addition des fractions en ajoutant ensemble tous les numérateurs, quand les fractions sont au même dénominateur ; si elles n'y sont pas, il faut d'abord les y réduire, ensuite on divise la somme des numérateurs par le dénominateur commun pour avoir les entiers qui s'y trouvent.

Ainsi les fractions ci-dessus donnent :

$$\frac{4 + 2 + 1 + 3}{5} = \frac{10}{5} = 2 \text{ unités.}$$

Autre ex. : $\frac{2}{5} + \frac{3}{4} + \frac{7}{10}$

$$\frac{80}{200} \quad \frac{150}{200} \quad \frac{140}{200} = \frac{80 + 150 + 140}{200} =$$

$$\frac{370}{200} = 1 + \frac{17}{20}$$

Lorsque l'on a réduit toutes les fractions au même dénominateur, comme elles sont alors ramenées à une espèce d'unité fractionnaire, il est évident qu'en les ajoutant, on aura une somme de la même espèce d'unité, ce qui démontre que l'on ne doit ajouter que les numérateurs, et donner à la somme résultante le dénominateur commun.

2. S'il y avait des entiers joints aux fractions, on ferait d'abord la somme des fractions, et l'on extrairait ensuite les entiers pour les ajouter à la colonne des nombres entiers.

Soit à ajouter $34\frac{1}{2} + 8\frac{5}{4} + 17\frac{4}{8}$

$$34\frac{1}{2} = \frac{20}{40}$$
$$8\frac{3}{4} = \frac{30}{40}$$
$$17\frac{4}{8} = \frac{38}{40}$$
$$\text{Total.....} \quad 61 \quad + \frac{4}{40}$$

QUESTIONNAIRE.

1. Comment se fait l'addition des fractions ?

2. Comment se fait l'addition des fractions quand les fractions sont jointes à des entiers ?

PROBLÈMES SUR L'ADDITION DES FRACTIONS.

1. On a coupé 3 mètres $\frac{3}{8}$ d'une pièce de toile, et il en reste encore 21 mètres $\frac{4}{7}$; quelle en était la longueur ?

2. Un vase d'eau d'une contenance de 2 décim. cubes ¾ pèse, étant vide, ¾ de kilogr. : combien pèse-t-il quand il est plein d'eau.

3. Un ouvrier peut faire un ouvrage en 15 heures, un second ouvrier peut le faire en 12 heures; en combien d'heures le feront-ils travaillant ensemble ?

4. Un ouvrage peut être fait en 8 heures par un homme, en 10 heures par une femme, et en 15 heures par un enfant; combien de temps resteront-ils à le faire, s'ils travaillent tous ensemble ?

5. Deux ouvriers peuvent faire le même ouvrage; le premier en 5 heures et le deuxième en 8 heures; quelle portion de l'ouvrage ces deux ouvriers pourront-ils faire en 1 heure s'ils travaillent ensemble ?

6. Deux fontaines peuvent remplir un bassin, la première en 9 heures et la deuxième en 8 heures; quelle portion du bassin rempliront-elles en une heure si on les laisse couler ensemble ?

7. Trois personnes travaillant à un même

ouvrage , la première pourrait l'achever en 12 jours, la deuxième en 10 jours et la troisième en 8 jours; quelle portion de l'ouvrage feront-elles en un jour en travaillant ensemble ?

8. Trois fontaines coulent ensemble dans un bassin; quelle portion du bassin rempliront-elles en une heure, sachant que la première pourrait le remplir en 3 heures, la deuxième en 4 heures et la troisième en 5 heures ?

9. Quatre fontaines coulent ensemble dans un réservoir; la première pourrait le remplir en 20 heures, la deuxième en 24 heures, la troisième en 30 heures et la quatrième en 36 heures; quelle portion du réservoir remplissent-elles en une heure ?

10. Le premier jour, une machine fait les $\frac{5}{10}$ d'une pièce d'étoffe; le deuxième jour, les $\frac{7}{14}$; le troisième jour, les $\frac{4}{15}$: quelle portion de la pièce fait-elle en ces trois jours ?

11. Quelle est la longueur totale de trois rouleaux de toile qui ont : le premier 24 mètres $\frac{1}{4}$; le deuxième 35 mètres $\frac{2}{3}$ et le troisième 42 mètres $\frac{1}{4}$?

SOUSTRACTION DES FRACTIONS.

Soit : $\frac{4}{8} - \frac{3}{8}$.

Pour effectuer la soustraction des fractions, on opère comme il suit :

RÈGLE. — 1° *Si les deux fractions proposées ont le même dénominateur, on retranche le numérateur de la plus petite fraction du numérateur de la plus grande fraction, et on donne au résultat pour dénominateur le dénominateur commun des deux fractions.*

Ainsi d'après l'exemple ci-dessus :

$$\frac{4}{8} - \frac{3}{8} = \frac{1}{8} = \frac{1}{8}$$

Si les fractions n'ont pas le même dénominateur on les y réduit comme dans le cas précédent.

2° *Soit à retrancher une fraction d'un nombre entier.*

Pour cela on retranche le numérateur du dénominateur, ce qui donne la fraction restante, et l'on retranche une unité au nombre entier.

$$12 - \tfrac{4}{7} = 11 \tfrac{3}{7}.$$

Cette opération repose sur ce que la différence d'une fraction s'obtient en retranchant son numérateur de son dénominateur, et en donnant au reste pour dénominateur celui de la fraction.

3° Lorsque l'on a à retrancher un nombre entier accompagné d'une fraction d'un autre nombre entier aussi accompagné d'une fraction, *on opère séparément sur les fractions et sur les entiers, en commençant par les fractions. Si la soustraction ne peut s'effectuer, on augmente du dénominateur commun le numérateur de la plus grande fraction et l'on a soin dans la soustraction des entiers d'ajouter une unité au nombre entier appartenant à la plus petite fraction.*

Soit : de 26 unités $\tfrac{2}{3}$ ôtez 14 unités $\tfrac{1}{3}$

$$20 \ \tfrac{2}{3} \ \tfrac{10}{18}$$
$$14 \quad \tfrac{18}{18}$$
$$\rule{3cm}{0.4pt}$$
$$11 + \tfrac{13}{18}$$

QUESTIONNAIRE.

1. Comment se fait la soustraction des fractions?

1. Comment se fait-elle lorsque les fractions n'ont pas le même dénominateur ?

2. Quelle règle suit-on lorsqu'on a à retrancher une fraction d'un nombre entier ?

3. Comment se fait la soustraction quand les fractions sont jointes à des entiers ?

PROBLÈMES SUR LA SOUSTRACTION DES FRACTIONS ORDINAIRES.

1. Que reste-t-il du nombre 9, quand on en retranche $4\frac{8}{9}$?

2. Quelle différence y a-t-il entre $7\frac{3}{5}$ et $5\frac{1}{2}$?

3. Que faut-il ajouter à $5\frac{1}{4}$ pour avoir $11\frac{7}{18}$?

4. Trois personnes doivent ensemble une somme : la première en doit le $\frac{1}{3}$, la seconde en doit $\frac{1}{5}$; le reste est dû par la troisième ; on veut connaître ce reste ?

5. Un voyageur fait 4 lieues en 3 heures, un autre fait 3 lieues en 4 heures ; on demande ce que l'un fait plus que l'autre ?

6. Deux fontaines donnent, la première 14

litres en trois heures, la seconde 23 litres en 5 heures ; quelle est celle qui fournit le plus ?

7. Deux voyageurs suivent la même route, dans le même sens ; le premier fait 5 lieues en quatre heures, et le second fait 6 lieues en cinq heures ; on demande de combien ils s'approchent ou s'éloignent par heure ?

8. Une fontaine remplirait seule en trois heures un réservoir qu'une soupape viderait en cinq heures ; au bout d'une heure quelle portion du réservoir sera remplie si la fontaine et la soupape sont ouvertes en même temps ?

9. Un père de famille hérite dans une succession, d'une part des $\frac{4}{15}$, d'autre part des $\frac{7}{8}$, à la condition de faire don aux pauvres des $\frac{3}{10}$ de sa part : combien lui reste-t-il ?

10. Une marchande a vendu les $\frac{3}{4}$ d'un panier d'œufs, et il lui reste encore 26 œufs : combien en a-t-elle vendu ?

MULTIPLICATION DES FRACTIONS.

1. Pour faire une multiplication de fractions, *on multiplie numérateur par numérateur et dénominateur par dénominateur.*

Soit : $\frac{2}{5} \times \frac{3}{7} = \frac{6}{35}$.

La multiplication de fractions comprend quatre cas :

1º *La multiplication d'une fraction par un nombre entier ;*

2º *La multiplication de deux fractions ;*

3º *La multiplication d'un nombre entier par une fraction ;*

4º *La multiplication d'un nombre entier joint à une fraction, par un nombre entier joint aussi à une fraction.*

1º Soit : $\frac{4}{5} \times 7$.

2. RAISONNEMENT. Multiplier $\frac{4}{5}$ par 7, c'est com-

poser avec $\frac{4}{9}$ une quantité, de la même manière que 7 est composé avec l'unité. Or, 7 se compose de **7** fois l'unité; donc le produit se composera de 7 fois $\frac{4}{9}$.

Or 7 fois $\frac{4}{9}$ exprime une quantité 7 fois plus grande que $\frac{4}{9}$; et comme pour rendre une fraction un certain nombre de fois plus grande, il faut multiplier son numérateur ou diviser son dénominateur par ce nombre, on déduit que dans le premier cas il faut multiplier le numérateur par le nombre entier, et conserver le même dénominateur; et dans le cas où le dénominateur est divisible par le nombre entier, pour avoir une expression plus simple, on opère alors sur le dénominateur.

3. 2° Soit à multiplier $\frac{5}{11}$ par $\frac{3}{8}$.

En appliquant le même raisonnement, on voit que pour obtenir le produit, il faut composer avec $\frac{5}{11}$ une quantité comme $\frac{3}{8}$ est composé avec l'unité.

Or $\frac{3}{8}$ représentant les $\frac{3}{8}$ de l'unité, le produit équivaudra aux $\frac{3}{8}$ de $\frac{5}{11}$.

Or, prendre les $\frac{5}{8}$ de $\frac{5}{11}$ revient à en prendre le $\frac{1}{8}$ et à le répéter 3 fois.

Pour prendre le $\frac{1}{8}$, il faut multiplier le dénominateur par 8, parce que la valeur d'une fraction croît en raison inverse de son dénominateur, ce qui donne $\frac{5}{11\times8}$ et comme valent 3 fois plus que $\frac{1}{8}$, il faudra multiplier le numérateur de la dernière expression par 3.

$$\frac{5}{11} \times \frac{5}{8} = \text{les } \frac{5}{8} \text{ do } \frac{5}{11}.$$
$$\text{Le } \frac{1}{8} \text{ do } \frac{5}{11} = \frac{5}{11\times8}.$$
$$\text{Los } \frac{5}{8} \text{ do } \frac{5}{11} = \frac{8\times5}{11\times8}.$$

De là on conclut qu'il faut multiplier les numérateurs entre eux et les dénominateurs aussi entre eux.

4. 3° Soit : $15 \times \frac{2}{3}$.

On démontrerait de la même manière que le produit égale les $\frac{2}{3}$ de 15.

Ce qui revient à prendre le $\frac{1}{3}$ et à le répéter deux fois;

Or, le $\frac{1}{3}$ do $15 = \frac{15}{3}$; et les $\frac{2}{3}$ égalent $\frac{15\times2}{3}$.

5. 4° Le dernier cas se ramène au second en réduisant le nombre entier et la fraction tant du multiplicande qu'au multiplicateur en une seule expression fractionnaire.

QUESTIONNAIRE.

1. Comment se fait la multiplication de fractions?

2. Comment se fait la multiplication d'une fraction par un nombre entier?

3. Comment se fait-elle quand il y a deux fractions?

4. Comment fait-on lorsqu'il y a un nombre entier à multiplier par une fraction?

5. Comment se fait-elle lorsqu'on a à multiplier un nombre entier et une fraction par un nombre entier et une fraction?

EXERCICES ET PROBLÈMES.

1. Multiplier : $\frac{3}{4} \times \frac{5}{8}$, $\frac{19}{25} \times \frac{9}{13}$. $7 \times \frac{3}{5}$. $35 \times \frac{14}{27}$. $8\frac{2}{3} \times 6\frac{3}{5}$. $33\frac{9}{11} \times 7\frac{11}{34}$.

2. Quels sont les $\frac{3}{4}$ de 80 fr.? Les $\frac{11}{15}$ de 250? Les $\frac{5}{8}$ de $29\frac{1}{4}$? Le nombre dont les $\frac{3}{4}$ font $3\frac{1}{4}$?

3. Quel est le prix de 4 mètres 3/4, à raison de 15 fr. le mètre?

4. On achète une chose pour 28 fr.; quel serait le prix des $\frac{3}{4}$ de cette chose?

5. Un voyageur a 48 lieues à faire en trois jours; le premier jour il fait les deux cinquièmes de la route, le deuxième jour il en fait un tiers; on demande combien il a marché chaque jour?

6. On fond trois livres d'argent avec 2 livres de cuivre; on demande ce qu'il entre de chacun de ces métaux dans 3/4 de livre ?

7. Un écolier fait 2 lignes $\frac{1}{3}$ d'écriture en une minute : combien en fera-t-il dans 27 minutes 3/4 ?

8. Il faut à un bon copiste une heure de temps pour copier les 5/6 d'une page de manuscrit; on veut savoir quel nombre de pages il aurait fait après 8 heures 1/4 de travail ?

9. Un homme entreprend un ouvrage et en fait chaque jour les $\frac{2}{7}$: on demande à quel point sera son travail au bout de 6 jours.

10. On compte les pas d'un cheval attelé à un manége, et l'on trouve qu'il en fait 8 1/3 pour chaque tour : d'après cela, dire combien le cheval aura fait de pas lorsqu'on aura compté 65 tours.

11. Un ouvrier a fait 4 journées $\frac{2}{3}$, 8 journées $\frac{3}{4}$, 3 journées $\frac{5}{8}$, et 7 journées $\frac{1}{12}$, à raison de 3 fr. 25 cent. la journée : combien a-t-il travaillé de journées en tout, et quelle somme lui ont-elles rapportée ? .

DIVISION DES FRACTIONS.

Pour diviser une fraction par une fraction, il faut multiplier la fraction dividende par la fraction diviseur renversée.

Soit : $\frac{4}{5} : \frac{4}{3} = \frac{4}{5} \times \frac{3}{4} = \frac{12}{20}$.

La division des fractions comprend quatre cas, de même que la multiplication, savoir :

1° *La division d'une fraction par un nombre entier.*

2° *La division d'une fraction par une fraction.*

3° *La division d'un nombre entier par une fraction.*

4° *La division d'un nombre entier accompagné d'une fraction par un autre nombre entier accompagné d'une fraction.*

Premier cas. *Diviser une quantité par une*

autre, c'est en trouver une troisième qui étant multipliée par la seconde donne la première.

Par conséquent, la première étant le produit de la seconde par le nombre cherché, est un multiple de ce nombre; et par suite ce dernier nombre est une fraction du premier, désignée par le nombre d'unités renfermées dans le diviseur.

D'après cela, soit à diviser $\frac{4}{5}$ par 9, c'est trouver un nombre qui étant multiplié par 9 égale $\frac{4}{5}$.

Donc, le dividende $\frac{4}{5}$ est égal à 9 fois le quotient.

Et comme pour prendre le neuvième d'une fraction, il faut multiplier le dénominateur par 9, on en conclut que pour obtenir le quotient, il faut en général multiplier le dénominateur par le nombre entier.

Remarque. — En se rappelant les principes fondamentaux des fractions, lorsque le numérateur est divisible par le nombre entier, il est plus simple de diviser le numérateur par ce nombre.

Exemple : $\frac{9}{15} : 3 = \frac{3}{15}$.

Deuxième cas. Soit à diviser la fraction   par

la fraction $\frac{4}{9}$, *il faut multiplier la fraction dividende par la fraction diviseur renversée.*

En effet, le quotient est un nombre tel qu'en multipliant le diviseur par ce nombre, on doit obtenir le dividende; on peut donc écrire en appelant le quotient q initiale du mot quotient.

$$\frac{a}{b} = \frac{4}{9} \times q = q \times \frac{4}{9}.$$

Mais multiplier une quantité par $\frac{4}{9}$, c'est en prendre les $\frac{4}{9}$; et pour cela il faut en prendre le $\frac{1}{9}$ et le répéter 4 fois : donc les $\frac{4}{9}$ du $q = \frac{a}{b}$.

Or le $\frac{1}{9} = \frac{a}{7 \times 4}$, d'après ce qui a été démontré, et les $\frac{4}{9} = 9$ fois plus $= \frac{a \times 9}{7 \times 4}$, ce qui prouve la propriété énoncée.

La division des fractions conduit à la résolution de cette question : étant donnée une fraction d'une quantité quelconque, trouver cette quantité.

On reconnaît de suite qu'elle est égale à la quantité donnée multipliée par la fraction renversée de cette même quantité.

Supposons pour finir les idées, que l'on sache que les 3/4 de la longueur d'une pièce d'étoffe valent 24 mètres. Pour obtenir la longueur totale, il faudra multiplier $24 \times \frac{4}{3}$, ce qui donne 32.

Troisième cas. Soit à diviser 12 par $\frac{4}{3}$.

C'est encore trouver un nombre qui, multiplié par $\frac{4}{3}$, donne 12..... Conséquemment, l'on aura $\frac{4}{3} \times q = 12$.

Et en appliquant le raisonnement immédiatement précédent, l'on aura $q = 12 \times \frac{3}{4}$, ce qui prouve qu'*il faut encore multiplier le nombre entier par la fraction renversée*.

Quatrième cas. Soit à diviser $8 + \frac{2}{3}$ par $9 + \frac{3}{4}$: *dans ce cas, on réduit le nombre entier et la fraction en un seul nombre fractionnaire, au dividende et au diviseur; et l'on n'a plus qu'à appliquer la règle du deuxième cas.*

Pour faire des divisions de fractions sur le tableau noir, on placera les nombres de la manière suivante :

Soit : $\frac{4}{5} : \frac{3}{4}$.

C'est chercher un $q \times \frac{3}{4} = \frac{4}{5}$; donc les $\frac{3}{4}$ du $q = \frac{4}{5}$.

Le $\frac{1}{4}$ du $q = \frac{4}{5 \times 3} = \frac{4}{15}$.

Les $\frac{4}{3}$ du $q = \frac{4 \times 4}{5 \times 3} = \frac{16}{15} = 1 + \frac{1}{15}$; ce quotient me dit que le dividende contient une fois et $\frac{1}{15}$ de fois le diviseur.

QUESTIONNAIRE.

1. Comment se fait la division de fractions ?

2. Comment se fait la division d'une fraction par un nombre entier ?

3. Comment se fait la division d'une fraction par une fraction ?

4. Comment se fait la division d'un nombre entier par une fraction ?

5. Comment se fait la division d'un nombre entier et une fraction par un nombre entier et une fraction ?

Problèmes.

1. Diviser $\frac{3}{5} : \frac{4}{7}$, $\frac{11}{12} : \frac{30}{61}$, $7 : \frac{5}{6}$, $\frac{7}{9} : 4$, $31\frac{1}{4} : 12\frac{3}{4}$.

2. Quel est le nombre tel qu'en le multipliant par $2\frac{1}{4}$ le résultat soit 52 ?

3. Le nombre 38 est le produit de deux nombres dont l'un est $10\frac{2}{3}$; quel est l'autre ?

4. On a payé 40 fr. pour les $\frac{4}{5}$ d'un ouvrage ; combien paiera-t-on pour l'ouvrage entier ?

5. Une société d'hommes et de femmes a dépensé une certaine somme dont les hommes seuls ont payé les 2/3 et ont donné 42 fr. ; quelle était la dépense totale ?

6. Par quel nombre faut-il multiplier 29 $\frac{1}{3}$ pour obtenir 67 $\frac{1}{5}$?

7. Pour 27 journées et demie un ouvrier a reçu 110 fr. ; quel est le prix de la journée ?

8. En 5 heures 3/4 une roue a fait 11500 tours ; combien cette roue fait-elle de tours en une heure ?

9. Un ouvrier qui s'était engagé à faire un travail est forcé de l'interrompre après en avoir fait les $\frac{10}{11}$, et il reçoit 70 fr. ; combien devait être payé l'ouvrage entier ?

10. Les $\frac{2}{3}$ des $\frac{4}{7}$ d'une somme sont 24 fr. ; quelle est cette somme ?

11. On a mis 755 bouteilles dans 3 pièces et demie : combien chacune en contient-elle ?

12. Quel est le nombre qui, étant multiplié par 77 $\frac{2}{3}$, donne 24 $\frac{1}{5}$?

13. Quel est le nombre qui, étant multiplié par 99 $\frac{1}{3}$, donne 244 $\frac{2}{3}$?

14. On a payé 336 fr. pour 3 douzaines et demie de chapeaux ; à combien revient le chapeau ?

15. Quelle est la différence des quotients de
4 divisé par $\frac{9}{11}$ et de $\frac{3}{8}$ divisé par $\frac{11}{11}$.

16. Dites la valeur d'une pièce de drap,
sachant que, pour 430 fr., on a deux coupons
qui égalent l'un les $\frac{3}{4}$ et l'autre les $\frac{1}{2}$ de cette
pièce?

CONVERSION DES FRACTIONS ORDINAIRES,

en fractions décimales.

Si l'on veut transformer une fraction ordinaire
en fraction décimale, *on prend le numérateur
pour dividende, en y ajoutant un ou plusieurs
zéros, et l'on divise par le dénominateur,
conformément au procédé indiqué pour le rest
des divisions.*

Pour le démontrer, il suffit de remarquer qu'e
ajoutant un, deux, trois, etc., zéros à la droite d
numérateur, le quotient exprimé par la fraction pri
mitive devient 10, 100, 1000, etc., fois plus gran
On obtiendra donc au quotient des dixièmes, centiè
mes, millièmes, etc., suivant le nombre de zéros q
l'on aura ajouté.

Il résulte de là que *lorsque le dénominateur d'une fraction se compose de l'unité suivie d'un nombre quelconque de zéros, on a immédiatement la valeur en décimales, en écrivant d'abord un zéro pour tenir la place des entiers, et en ajoutant autant de zéros qu'il en faut pour compléter le nombre de zéros du dénominateur de la fraction donnée.*

Ainsi $\frac{19}{10000} = 0,0019$.

Quant aux autres cas, après avoir supprimé tous les facteurs communs au numérateur et au dénominateur, c'est-à-dire, réduit la fraction à sa plus simple expression, ils se partagent en trois, savoir : 1° *Lorsque le dénominateur ne renferme que les facteurs 2 et 5;* 2° *lorsque le dénominateur ne renferme aucun de ces facteurs;* et 3° *lorsqu'il renferme ces facteurs combinés avec d'autres facteurs premiers.*

Ainsi les fractions suivantes correspondent à ces trois cas :

$$1° \; \frac{11}{10} \qquad 2° \; \frac{7}{15} \qquad 3° \; \frac{11}{15}.$$

Dans le premier cas, la fraction est exactement réductible en décimales, et l'on a au quotient autant de décimales qu'il y a d'unités dans la plus haute puissance de l'un des facteurs 2 ou 5.

Dans le deuxième cas, le quotient ne se terminera pas, et les chiffres se reproduiront dans le même ordre après un certain rang, ce qui donnera une fraction périodique simple.

Dans le troisième cas, le quotient ne se terminera pas non plus, et l'on aura encore une fraction périodique, mais qui ne commencera qu'après un nombre de chiffres égal au nombre d'unités renfermées dans la plus haute puissance de 2 ou de 5.

Ainsi la première fraction $\frac{11}{20}$ donne un quotient fini après deux opérations, parce que $20 = 2 \times 2 \times 5$ ou $2^2 \times 5$.

La deuxième fraction donne lieu à une période simple, parce qu'elle commence immédiatement après la virgule.

La troisième fraction donne lieu à une période mixte, parce que la période ne commence pas immédiatement après la virgule, et comme $28 = 4 \times 7 = 2^2 \times 7$, la période devra commencer après deux opérations.

Le premier cas se démontre en observant que les puissances successives de 10 renferment les mêmes puissances de 2 et de 5. Par conséquent, selon que l'on ajoutera 1, 2, 3, etc., zéros, comme l'on rendra le numérateur multiple exact du dénominateur, l'opération donnera un quotient exact après avoir ajouté à la droite du numérateur autant de zéros qu'il y a d'unités dans la plus haute puissance de 2 ou de 5.

$$\frac{17}{10} = 0,85 \qquad\qquad \begin{array}{c|c} 170 & 20 \\ 10 & \overline{0,85} \end{array}$$

Dans le deuxième cas, on comprend facilement que l'opération ne peut se terminer, puisqu'en ajoutant des zéros au numérateur, comme l'on n'introduit aucun des facteurs du dénominateur, évidemment l'on ne peut le rendre divisible exactement par le dénominateur.

Il est facile de voir que puisque les différents restes sont toujours plus petits que le dénominateur qui sert ici de diviseur, après les avoir tout au plus épuisés, on retombera sur un reste déjà obtenu. Ce reste suivi d'un zéro donnera le même dividende, et comme le diviseur n'a pas changé, on aura le même quotient, et ainsi de suite.

Dans le troisième cas, en ajoutant à la droite du numérateur autant de zéros qu'il y a d'unités dans la plus haute puissance de 2 ou de 5; dans cet état le quotient deviendra 10, 100, etc., fois plus grand ; et si l'on supprime dans ce dernier état les facteurs 2 et 5, le quotient ne changera pas; il sera toujours 10, 100, 1000, etc., fois plus grand

Par conséquent, après avoir rendu, à l'aide de la virgule, le quotient 10, 100, 1000, etc., fois plus petit, le reste du numérateur divisé par le dénominateur ne pourra plus donner qu'une fraction périodique simple, d'après l'explication du deuxième cas.

$$\text{Ainsi soit : } \frac{11}{12} \quad \frac{11}{12} = \frac{11}{3 \times 4} = \frac{11}{3 \times 2^2}$$

En ajoutant deux zéros, l'on aura $\dfrac{1100}{3 \times 2^2}$ en supprimant 4 l'on aura $\dfrac{1100}{3}$; mais dans cet état, le quotient est cent fois trop grand. Or, $\dfrac{1100}{3} = 91 + \tfrac{1}{3}$, on aura donc pour la partie en avant de la fraction 0, 91 ; la fraction $\tfrac{1}{3}$, devant être rendue cent fois plus petite, donnera des chiffres périodiques, qui ne pourraient venir qu'au rang des millièmes : ce qui donne $\frac{11}{12}$ = 0,91666.

N. B. Un enfant se trouverait peut-être embarrassé s'il se présentait une division à faire dont le dividende fût un nombre entier et le diviseur un nombre entier suivi d'une fraction décimale et d'une fraction ordinaire.

$$\text{Soit} : \frac{220}{2,25\frac{1}{7}}$$

Comme le dividende et le diviseur multipliés par un même nombre ne changent pas le quotient, on obtient en multipliant les deux termes par 7

$$\frac{220 \times 7}{(2,25 + \frac{1}{7})} = \frac{1540}{16,77} = 97 + \frac{1031}{1577}$$

On conçoit aisément qu'une fraction peut, tout autant qu'un entier, être partagée en parties égales entre elles. On a donc nommé *fraction de fraction tout nombre exprimant une ou plusieurs parties égales d'une fraction donnée,* par exemple les $\frac{3}{4}$ de $\frac{1}{5}$.

Il résulte évidemment de ce que nous avons

16.

dit sur la multiplication, que pour ramener *une fraction et sa fraction* à une seule et même fraction, on doit multiplier cette fraction par sa fraction; ainsi $\frac{3}{4} \times \frac{4}{5} = \frac{12}{20}$, et ce dernier nombre, dont la plus simple expression serait $\frac{3}{5}$ est 4 fois la cinquième partie de $\frac{3}{4}$. Il suit de là que si l'on a une suite de fractions dépendantes les unes des autres, comme les $\frac{4}{7}$ des $\frac{5}{4}$ des $\frac{3}{4}$, on les ramène à une fraction unique en multipliant les uns par les autres, d'une part tous les numérateurs, et de l'autre tous les dénominateurs. C'est ainsi que les $\frac{2}{3}$ des $\frac{3}{4}$ des $\frac{5}{7}$ de l'unité $= \frac{2\times3\times5}{3\times4\times7} = \frac{30}{84} = \frac{5}{14}$ de l'unité. On trouve par le même procédé que les $\frac{2}{3}$ des $\frac{3}{5}$ des $\frac{5}{6}$ de 18 fr. $= \frac{2\times3\times5}{3\times5\times6} = \frac{30}{90} = \frac{1}{3}$ de 18 fr. $= 6$ fr.

EXERCICES.

1º Réduisez en fractions décimales les fractions ordinaires qui suivent $\frac{2}{3}$ $\frac{3}{4}$ $\frac{5}{8}$ $\frac{1}{9}$.

2º Réduisez encore semblablement $\frac{3}{8}$ $\frac{12}{17}$ $\frac{14}{16}$ $\frac{120}{184}$

3º. Convertissez en fractions ordinaires les fractions décimales qui suivent : 0,75; 0,9; 0,85; 0,1250, enfin, 0,3478.

1º. Réduisez en décimales du mètre $\frac{13}{10}$ $\frac{14}{15}$ $\frac{17}{37}$ $\frac{4}{9}$ $\frac{10}{13}$.

2º Donnez les décimales de $\frac{1}{8}$ $\frac{3}{4}$ $\frac{4}{3}$ $\frac{3}{8}$ $\frac{6}{13}$ de kilomètre.

3º Quelles sont les fractions décimales des $\frac{2}{3}$ $\frac{3}{14}$ $\frac{17}{13}$ $\frac{15}{10}$, du décagramme, du kilogramme et du litre ?

4º Dites quelles sont les parties décimales des $\frac{7}{11}$ $\frac{5}{6}$ $\frac{44}{51}$ $\frac{341}{563}$ du litre ?

5º Donnez en décimales les $\frac{1}{4}$ $\frac{2}{5}$ $\frac{3}{8}$ $\frac{14}{141}$ du mètre ?

6º Réduisez en décimales $\frac{1}{8}$ $\frac{3}{12}$ $\frac{13}{10}$ $\frac{14}{13}$ de lieue

7º Quelles sont les fractions ordinaires qui correspondent à 0,25 ; 0,301 ; 0,15 ; plus 0,1255 de mètre.

8º Quelles sont celles qui correspondent à 0,35 ; 0,3675 ; 0,9 d'aune ?

Problèmes divers sur les fractions.

Quelle sera la part d'une personne qui doit avoir les $\frac{7}{10}$ d'une succession montant à la somme de 14560 fr. ? R. 10192 fr.

Pour faire ces sortes d'opérations, on multiplie la somme à partager par le numérateur, et on divise le produit par le dénominateur.

On demande les $\frac{3}{5}$ des $\frac{3}{8}$ de 20 fr. ? R. 9 fr. 375 millimes.

Quels sont les $\frac{2}{3}$ des $\frac{3}{4}$ de $\frac{3}{6}$?

Quels sont les $\frac{3}{4}$ de 5 $\frac{3}{8}$?

Quels sont les $\frac{3}{8}$ de 14 $\frac{1}{2}$?

De 45 $\frac{3}{4}$ ôtez 17 $\frac{3}{8}$?

J'avais les 3/4 d'une pièce de drap, j'en ai vendu les $\frac{2}{3}$: combien en reste t-il ?

Les $\frac{3}{4}$ d'une pièce de drap ont coûté 435 fr. : combien coûteront les $\frac{2}{8}$ de la même pièce ?

Dans une école, il y a 60 élèves dont $\frac{1}{3}$ calculent, $\frac{1}{4}$ écrivent, $\frac{1}{5}$ lisent, et les autres étudient : combien y en a-t-il à chaque leçon ?

On a acheté deux pièces de vin; la première contient 240 litres : combien en contient la seconde, qui n'est que les $\frac{2}{3}$ de la première ?

On a payé 46 mètres de drap 365 fr. : combien vendra-t-on le mètre, si l'on veut gagner un quart sur le tout ?

Deux hommes ont à se partager 1200 fr.; le premier doit avoir la $\frac{1}{4}$ des $\frac{2}{3}$ des $\frac{1}{3}$ de cette somme : combien auront-ils chacun ?

Les $\frac{7}{10}$ d'une marchandise ont coûté 250 fr. : combien paiera-t-on pour le reste ?

Une personne, en mourant, lègue tout son bien à deux parents ; elle donne les $\frac{5}{7}$ au premier, et au second les 53000 francs qui restent : trouvez le montant de la succession et la part du premier héritier ?

Une troupe d'ouvriers creusent un canal, et chaque jour l'ouvrage avance de $\frac{5}{10}$: On veut savoir dans combien de jours il sera terminé ?

Une femme qui tricote des bas en fait les $\frac{5}{8}$ d'un par jour : savoir combien elle emploiera de jours pour en faire 11 $\frac{5}{8}$?

On a payé 219 fr. pour 3 douzaines et demie de chapeaux : à combien revient le chapeau ?

Une fontaine donne 5 litres d'eau en trois minutes : en combien de minutes remplira-t-elle un baquet de 26 litres $\frac{1}{2}$?

Quel est le prix d'un objet dont les $\frac{3}{11}$ coûtent 3/4 de fr. ?

Un écolier apprend des vers par cœur, et chaque vers lui prend 2/3 de minute de temps : on demande combien de vers il saura au bout de 25 minutes 3/4.

Un ouvrier fait les $\frac{4}{5}$ de son ouvrage en six jours : combien mettra-t-il de jours à le faire ?

Un paysan qui doit planter des arbres a 152 trous à faire pour cela; il travaille une heure et fait pendant ce temps 6 trous $\frac{3}{4}$: quel temps emploiera-t-il pour les faire tous ?

APPLICATION DES FRACTIONS.

1. 30 ouvriers ont fait 135 mètres d'un certain ouvrage : combien 43 ouvriers de la même force en feraient-ils ?

Solution : Puisque 30 ouvriers ont fait 135 mètres, un seul ouvrier en ferait 30 fois moins ou $\frac{135}{30}$ et 43 ouvriers 43 fois plus que $\frac{135}{30}$ ou $\frac{135 \times 43}{30} = 193$ mètres 50.

2. 5 kilogrammes d'une marchandise ont coûté 7 fr. 50 cent. : combien coûteront 50 kilogrammes ?

Solution. Puisque 5 kilogrammes coûtent 7 f. 50 cent., 1 seul kilogramme coûtera 5 fois moins, ou $\frac{7.50}{5}$, et 28 kilogrammes 28 fois plus que $\frac{7.50}{5}$ ou $\frac{7.50 \times 28}{5} = 42$ fr.

3. *Problème.* On a payé 120 francs pour 8 mètres de drap : combien aurait-on de mètres du même drap pour 75 fr. ?

Solution. Puisque pour 120 fr. on a eu 8 mètres, pour 1 fr. on aurait 120 fois moins, ou $\frac{8}{120}$, et pour 75 fr. on aura 75 fois plus ou $\frac{8 \times 75}{120} = 5$ mètres.

4. *Problème.* 10 ouvriers ont mis 24 jours pour faire un certain ouvrage : combien faudrait-il d'ouvriers pour faire le même ouvrage en 40 jours ?

Solution. Puisqu'il faut 24 jours à 10 ouvriers pour faire l'ouvrage, pour l'achever en 1 jour il faudrait 24 fois plus d'ouvriers ou 10×24, et pour le faire en 40 jours, 40 fois moins d'ouvriers, ou $\frac{10 \times 24}{40} = 6$.

5. *Problème.* 25 mètres d'étoffe à 2/3 de large ont coûté 48 fr. : à combien reviendraient 12 mètres d'étoffe de la même qualité, mais qui auraient 3/4 de large ?

Solution. Si 25 mètres à $\frac{2}{3}$ m. de large ont coûté 48 fr., 1^m. à $\frac{2}{3}$ coûtera 25 fois moins ou $\frac{48}{25}$ f., 1 mètre à $\frac{1}{3}$ coûtera 2 fois moins ou $\frac{48}{25 \times 2}$; 1 mètre à $\frac{3}{3}$ ou un mètre de large 3 fois plus ou $\frac{48 \times 3}{25 \times 2}$; 1 mètre à $\frac{3}{4}$ coûtera les $\frac{3}{4}$ du prix précédent ou $\frac{48 \times 3 \times 3}{25 \times 2 \times 4}$; enfin, 12 mètres à $\frac{3}{4}$ coûteront 12 fois plus ou $\frac{48 \times 3 \times 3 \times 12}{25 \times 2 \times 4}$.

On achèvera les calculs en supprimant le facteur 8 commun au numérateur et au dénominateur, ce qui donne $\frac{6 \times 3 \times 3 \times 12}{25} = \frac{54 \times 12}{25} = \frac{648}{25} =$ 25 fr. 92 cent.

On obtiendra promptement le résultat en observant que $\frac{648}{25} = 648 \times \frac{1}{25} = 648 \times \frac{4}{100} = \frac{2592}{100} =$ 25 fr. 92 cent. Ce qui revient à multiplier 648 par 4 et à séparer deux chiffres décimaux sur la droite du produit.

6. *Problème.* Deux ouvriers travaillent au même ouvrage : le premier pourrait le faire en 15 jours et le second en 18; combien de temps mettront-ils pour l'achever en travaillant ensemble ?

Solution. Puisque les 2 ouvriers travaillant seuls pourraient achever l'ouvrage en 15 jours et en 18 jours, en 1 jour le premier ne fait que $\frac{1}{15}$ et le second que $\frac{1}{18}$ de l'ouvrage, à eux deux ils en feront en 1 jour $\frac{1}{15} + \frac{1}{18} + \frac{33}{270}$, puisqu'ils font les $\frac{33}{270}$ de l'ouvrage en 1 jour, ils en feront $\frac{1}{270}$ en 33 fois moins de temps, ou $\frac{11}{33}$ et les $\frac{270}{270}$ en 270 fois plus de temps, ou $\frac{1 \times 270}{33} = 8$ jours 2 heures, en supposant la journée de travail de 11 heures.

7. *Problème.* Trois fontaines coulent ensemble dans un bassin : la première le remplirait seule en 18 heures, la deuxième en 20 heures et la troisième en 24 heures : dans combien d'heures le bassin sera-t-il rempli ?

Solution. Les fontaines rempliraient séparément en 1 heure $\frac{1}{18}$, $\frac{1}{20}$, $\frac{1}{24}$ du bassin, et par conséquent en 1 heure à elles trois elles remplissent $\frac{1}{18} + \frac{1}{20} + \frac{1}{24}$ du bassin.

Je réduis ces trois fractions au même dénominateur 360, ce qui donne pour la somme $\frac{53}{360}$; par conséquent, puisqu'elles remplissent les $\frac{53}{360}$ du bassin en 1 heure, elles rempliront $\frac{1}{360}$ en $\frac{1}{53}$, et les $\frac{360}{360}$ ou le bassin en $\frac{1 \times 360}{53} = 6$ heures $\frac{42}{53}$.

Si l'on voulait réduire la fraction $\frac{42}{53}$ d'heure en minutes, on n'aurait qu'à prendre les $\frac{42}{53}$ de

60 minutes, ce qui donne $\frac{60 \times 42}{55} = \frac{2520}{55} =$ $47^m \frac{35}{55}$.

On pourrait de même réduire $\frac{35}{55}$ de minutes en secondes.

8. *Problème*. Les deux aiguilles d'une montre marquent midi ; à quelle heure se rencontreront-elles pour la première fois et combien de fois dans douze heures ?

Solution. L'aiguille des minutes allant plus vite que celle des heures, ne rencontrera celle-ci qu'après avoir fait une fois le tour du cadran, plus la distance que l'aiguille des heures aura parcourue. Elle a donc 60 divisions du cadran de retard sur l'aiguille des heures ; mais comme l'aiguille des minutes parcourt en 1 heure 60 divisions pendant que l'aiguille des heures n'en parcourt que 5, elle gagne sur celle-ci 55 divisions en 1 heure. Elle gagne donc 1 seule division en $\frac{1}{55}$ d'heure et les 60 divisions en $\frac{60}{55}$ d'heure $= 1$ heure $\frac{1}{11}$; il sera donc 1 heure 5 minutes $\frac{5}{11}$. Les aiguilles se rencontreront 11 fois en 12 heures ; car 12 h. : $\frac{60}{55} = \frac{12 \times 55}{60} = 11$.

9. 20 hommes ont fait 200 mètres en huit

jours : combien 4 hommes en feront-ils dans le même temps ? R. 40.

10. 4 hommes ont fait 40 mètres en huit jours : combien faut-il d'hommes pour faire 200 mètres dans le même temps ? R. 20.

11. 20 hommes ont fait 200 mètres en huit jours : combien faut-il d'hommes pour faire 40 mètres dans le même temps ? R. 4.

12. Deux piétons ont fait l'un, 12 hectomètres 64 en 13 minutes, l'autre 8 hectomètres 45 en 7 minutes : lequel des deux est le meilleur marcheur ?

13. On a acheté 5 kilogrammes 8 de soie pour 277 fr. 02 cent. : on demande le poids qu'on aurait eu, si on l'avait payée 1 fr. de plus par kilogramme ?

14. Un entrepreneur qui employait 8 ouvriers pour achever un ouvrage en 17 jours, obtient un délai de 6 jours : à combien doit-il réduire le nombre de ses ouvriers ?

15. Une conduite en tuyaux de fonte, de 156 mètres de longueur, a coûté 1138 fr. : on demande ce que coûtera une autre conduite de 83 mètres 95.

16. Un homme de peine est chargé de transporter de la cave au grenier 134 fagots de bois ; il en porte 4 chaque fois, mais chaque voyage lui prend 5 minutes : quel temps lui faudra-t-il pour le tout ?

17. On veut border de peupliers l'avenue d'un château ; on sait qu'il faut 243 peupliers, si la distance de l'un à l'autre est de 1 mètre 64 : dire combien il en faudrait, si la distance n'était plus que de 1 mètre 37 ?

18. Un levrier fait 163 sauts dans les deux tiers d'une minute : combien en fera-t-il dans 7 minutes un quart ?

19. Une meule de moulin fait trois quarts de tour dans les deux tiers d'une seconde : combien en fera-t-elle dans 15 secondes ?

20. Un homme ordinaire vicie en respirant 3 mètres cubes et demi d'air par jour : quelle quantité d'air aura viciée le même homme au bout de 5 heures 40 minutes ?

21. Il faut 49 mètres d'air pur par personne et pour 8 heures de temps pour respirer dans des conditions favorables à la santé : d'après cela, quelle capacité doit avoir un appartement pour

que 12 personnes puissent y respirer dans les mêmes conditions ?

22. Des rouleaux de tapisserie de 0 mètre 5 de largeur et qui se paient 2 f. 40 c., sont ils plus chers que des rouleaux de même qualité et de même longueur, qui se paient 1 f. 75 c ; et qui n'ont que 0 mètre 3 de largeur ?

23. Il a fallu 5 mètres d'étoffe large de trois quarts pour couvrir un meuble : combien en faudrait-il d'une étoffe large de deux tiers ?

PRINCIPES SUR LES PROPORTIONS.

On entend par rapport entre deux quantités le jugement de la comparaison que l'on forme à l'inspection de ces deux quantités.

Or, l'on peut comparer des quantités de deux manières, soit en cherchant de combien l'une surpasse l'autre, ou combien la première contient la seconde.

De là deux sortes de rapports. Le premier se nomme *rapport par différence*, et le deuxième *rapport par quotient.*

Le résultat de ces rapports se nomme *raison.*

Le premier rapport s'indique en interposant entre les deux termes *un point* ou le signe *moins ;* et dans le premier cas le point signifie *est à.*

Le deuxième rapport s'indique en interposant entre les deux termes deux points placés l'un au-dessous de l'autre, ou encore un trait horizontal entre les deux termes. Il se prononce de la même manière.

Ainsi : 1° le rapport par différence de 8 à 5 s'écrit 8 . 5, ou 8—5 ; et la raison de ce rapport égale 3.

2° Le rapport par quotient de 20 à 5 s'écrit : 20 : 5 ou bien $\frac{20}{5}$; et la raison de ce rapport égale 4.

Le premier terme se nomme *antécédent ;* le deuxième *conséquent.*

Une proportion est l'égalité de deux rapports égaux et de même espèce. La première par différence s'indique par le signe : placé entre chaque rapport, et qui s'énonce *comme.*

Exemple : 11 . 8 : 5 . 2..... On peut encore mettre cette proportion sous la forme d'une équidifférence et l'écrire ainsi : 11 — 8 = 5 — 2.

La proportion par quotient s'indique par le signe : : placé entre chaque rapport, et s'énonce de la même manière.

Exemple : 15 : 5 : : 18 : 6. On peut encore l'écrire sous la forme d'un équiquotient de la manière suivante $\frac{15}{5} = \frac{18}{6}$, ce qui donne deux quotients égaux.

On nomme *extrêmes* les deux termes qui sont placés aux extrémités de la proportion, c'est-à-dire le premier et le quatrième; on nomme *moyens* les deux termes qui sont placés au milieu, c'est-à-dire le second et le troisième.

La propriété fondamentale des proportions par différence est que la somme des extrêmes est égale à celle des moyens.

Et la propriété fondamentale des proportions par quotient est que le produit des extrêmes est égal à celui des moyens.

Comme on se sert peu des proportions par différence, nous donnerons seulement les propriétés des proportions par quotient.

Démonstration du principe fondamental.

Soit la proportion 20 : 5 :: 32 : 8.

On rendra le principe évident en rendant la proportion identique, en effectuant la même opération sur le produit des moyens, et sur celui des extrêmes.

D'après cela, en multipliant le deuxième terme par la raison 4, le premier rapport deviendra 20 : 20 ; mais en opérant ainsi, 5 étant l'un des moyens, le produit des moyens a été multiplié par 5.

D'un autre côté, en multipliant de la même manière par 4 le deuxième terme du second rapport, ce rapport deviendra 32 : 32 ; et comme 8 est un extrême, le produit des extrêmes aura été ainsi multiplié par 4.

Or, sous la forme 20 : 20 :: 32 : 32, il est bien évident que le produit 20×32 des extrêmes est égal au produit 20×32 des moyens, et l'on en conclut que ces deux produits n'auraient pas pu devenir égaux, s'ils ne l'avaient été aupa- ravant, puisqu'on les a multipliés chacun par le même nombre 4.

On peut, dans toute proportion, changer la place des moyens, renverser les termes de cha- que rapport, changer la place des rapports sans que la proportion cesse d'exister. Ce qui donne huit manières d'écrire la proportion.

Ainsi, dans la proportion : 20 : 5 :: 32 : 8 (¹).

J'obtiens successivement ,

en changeant la place des moyens   20 : 32 :: 5 : 8 (²).

17.

En renversant les termes
de chaque rapport $5 : 20 :: 8 : 32$ (³).

En changeant les moyens
de place $5 : 8 :: 20 : 32$ (⁴).

En changeant les rapports
de place dans la proportion $32 : 8 :: 20 : 5$ (⁵).

En faisant sur cette der-
nière proportion des changements analogues aux pré-
cédents $32 : 20 :: 8 : 5$ (⁶).

            $8 : 32 :: 5 : 20$ (⁷).

            $8 : 5 :: 32 : 20$ (⁸).

La valeur d'un terme d'une proportion se
déduit de la propriété fondamentale.

En effet, soit à trouver le quatrième terme de
la proposition :

$$16 : 4 :: 32 : x.$$

Le produit des extrêmes étant égal à celui des
moyens, l'on aura $16 \times x = 4 \times 32$.

Et d'après la division, lorsque l'on connaît le
produit de deux facteurs et l'un deux, pour trouver le deuxième facteur représenté ici par x, il
faudra diviser le produit donné 4×32 par le
facteur connu 16 de ce même produit.

Donc x, $= \dfrac{4 \times 32}{16} = 8$.

Si un moyen était inconnu, on serait conduit exactement aux mêmes raisonnements ; donc pour trouver la valeur d'un extrême, il faut multiplier les deux moyens et diviser par l'extrême connu, et, pour trouver un moyen, il faut, réciproquement, multiplier les deux extrêmes et diviser par le moyen connu.

RÈGLE DE TROIS.

On appelle règle de trois les problèmes où l'on se propose de trouver une quantité d'une espèce déterminée, par le moyen de trois autres quantités, dont l'une est de cette même espèce, et les deux autres, d'une autre même espèce, mais différente de la première.

On voit donc que le nom de *trois* qui a été donné à cette règle provient de ce que l'on a trois quantités connues à l'aide desquelles il en faut déterminer une quatrième.

On distingue dans une règle de trois deux sortes de rapports, savoir : *des rapports directs ou proportionnels, et des rapports indirects que l'on appelle encore inverses.*

Les rapports sont directs lorsque les deux termes du premier rapport croissant ou décroissant, ceux qui leur correspondent dans le deuxième croissent ou décroissent de la même manière; dans le cas contraire, les deux rapports sont *indirects* ou *inverses.*

Une règle de trois est appelée *simple* lorsqu'il n'y a absolument que trois termes qui soient donnés. S'il y en a un plus grand nombre qui soient de la même espèce, en les prenant deux à deux, et qu'on puisse ramener la question à quatre facteurs, dont l'un est l'inconnu, et formant deux produits égaux, la règle se nomme règle de *trois composée.*

EXERCICES SUR LA RÈGLE DE TROIS SIMPLE DIRECTE.

16 ouvriers ont fait 60 mètres : combien 8 ouvriers en feront-ils ?

Disposition.

16°   60ᵐ.

8° X.

Si l'on employait 2, 3, 4, etc., fois plus ou moins d'ouvriers, il y aurait 2, 3, 4, etc., fois plus ou moins de mètres exécutés. Donc les deux rapports sont directs et l'on posera :

$$16 : 8 :: 60 : x \text{ ou } x = \frac{8 \times 60}{16}$$

Deuxième exemple.

Supposons que 16 ouvriers aient mis 60 jours pour exécuter un certain travail : on demande combien 8 ouvriers mettront de jours à exécuter le même travail.

Solution.

Il est évident que si l'on prend 2, 3, 4, etc., fois plus ou moins d'ouvriers, il faudra, au contraire, 2, 3, 4, etc.. fois plus ou moins de jours ; donc les deux rapports sont inverses. C'est pourquoi l'on intervertira l'ordre des termes du second rapport, et l'on écrira :

$$16 : 8 :: x : 60 \text{ ou } x = \frac{16 \times 60}{8}$$

RÈGLE. *Si la règle de trois est directe, les deux termes qui ont rapport entre eux sont les deux antécédents ou les deux conséquents.*

Si la règle de trois est inverse, les deux termes qui ont rapport entre eux sont les deux extrêmes ou les deux moyens.

Il est essentiel de remarquer que cette méthode pour résoudre les règles de trois n'est pas la meilleure à employer; celle de la réduction par l'unité est préférable.

En reprenant le même exemple on raisonne ainsi :

Les mètres sont le nombre à trouver, donc il faut trouver la valeur correspondante à un ouvrier. Or, s'il n'y avait qu'un ouvrier, il ferait 16 fois moins de travail et par suite $\frac{80}{16}$.

8 ouvriers en feront 8 fois plus qu'un seul, et par conséquent $\frac{80\times8}{16}$, ce qui est la même expression que celle qui est fournie par la première proportion.

Dans le deuxième cas.

On cherchera encore le nombre de jours correspondant à l'unité de l'espèce opposée, c'est-à-dire à un seul ouvrier. Conséquemment, s'il n'y avait qu'un ouvrier, il lui faudrait, pour le même travail, 16 fois plus de temps, c'est-à-dire 60×16.

Et comme l'on emploie 8 ouvriers, le nombre de jours sera 8 fois plus petit que pour un seul, c'est-à-dire $\frac{60 \times 16}{8}$, ce qui est encore conforme au résultat obtenu par la proportion.

EXERCICES SUR LA RÈGLE DE TROIS COMPOSÉE.

Disposition du calcul.

Quatre ouvriers ont fait en 15 jours, travaillant 12 heures par jour, un canal de 30 mètres de longueur sur 5 de largeur et 0,75 cent. de profondeur : combien faudrait-il de jours à 6 ouvriers travaillant 10 heures par jour pour faire un autre canal de 25 mètres de longueur sur 7 de largeur et 0,80 cent. de profondeur.

4°. 15 j. 12 h. 30^m. long. 5^m. larg. 0,75 prof.
6°. x j. 10 h. 25^m. long. 7^m. larg. 0,80 prof.

On dispose les quantités de même espèce les unes sous les autres, en les désignant par les lettres initiales.

On commence par résoudre les questions

comme s'il n'y avait que les quatre premiers termes, comprenant l'inconnu, et que tous les autres termes fussent les mêmes.

S'il n'y avait qu'un ouvrier, il mettrait 4 fois plus de temps ou 15×4 pour un ouvrier.

Et comme il y en a 6, il faudra 6 fois moins de temps ou $\dfrac{15 \times 4}{6}$ pour 6 ouvriers.

Prenant le deuxième rapport, s'il n'y avait qu'une heure de travail au lieu de 12, il faudrait 12 fois plus de temps ou :

$$\frac{15 \times 4 \times 12}{6}$$

Et comme les ouvriers travaillent 10 heures, ils mettront 10 fois moins de temps que pour une heure ou :

$$\frac{15 \times 4 \times 12}{6 \times 10}$$

Troisièmement.

S'il n'y avait qu'un mètre à faire en longueur, il faudrait 30 fois moins de temps ou :

$$\frac{15 \times 4 \times 12}{6 \times 10 \times 30}$$

Et parce que les ouvriers ont 25 mètres de longueur à faire, il faudra 25 fois plus de temps que pour un mètre ou :

$$\frac{15 \times 4 \times 12 \times 25}{6 \times 10 \times 30}$$

Les deux derniers rapports conduiraient à des résultats semblables, ce qui donne pour la valeur finale :

$$x = 15 \times \frac{4 \times 12 \times 25 \times 7 \times 0{,}80}{6 \times 10 \times 30 \times 5 \times 0{,}75} =$$
$$\frac{2 \times 7 \times 0{,}16}{0{,}15} = 14 \text{ j.} + \frac{14}{15}$$

Tous les termes étant ainsi disposés, on obtient facilement la réduction de cette fraction.

On arriverait au même résultat par le moyen des proportions, mais par un procédé beaucoup plus compliqué : en conséquence, la marche que nous avons prise est celle que l'on doit suivre dans les règles de cette espèce.

D'où l'on conclut cette règle. *Pour résoudre une règle de trois composée quelconque, il faut multiplier le terme correspondant à l'inconnu par un nombre fractionnaire composé d'autant de facteurs au numérateur et au dénominateur, qu'il reste de rapports en dehors du premier, en faisant attention d'écrire les termes succes-sifs de même espèce dans le même ordre, lors-que le rapport est direct, et de les renverser lorsque le rapport exprimé par ces deux termes est inverse comparativement à celui qui ren-ferme l'inconnu.*

Problèmes sur la règle de trois.

1. Un ouvrier a gagné 73 fr. en 17 jours : combien devra-t-il travailler de jours pour gagner 120 fr. ?

2. On a 25 litres de vin pour 7 fr. : combien en aura-t-on pour 19 fr. ?

3. On a payé 36 fr. 50 cent. une charge de bois pesant 1175 kilogr. : que paiera-t-on pour une autre charge du poids de 815 kilogr. ?

4. Il faut 3 décalitres 5 litres de froment pour en-semencer un champ de 23 ares 78 de superficie : combien en faudra-t-il pour un autre champ de 51 ares 12 ?

5. On revend 13 fr. 20 cent. le kilogr. une mar-chandise qu'on a payée 6 fr. 50 cent. : que gagne-t on sur 100 kilogr. de cette marchandise ?

6. Une fontaine donne 18 litres 4 d'eau en 3 mi-nutes : combien donnera-t-elle en une heure 35 mi-nutes ?

7. Un cheval consomme en 9 jours 67 kilogr. de

foin : quelle quantité en faudra-t-il pour le nourrir pendant 91 jours ?

8. On emploie, pour faire un trottoir, 20 dalles de 1 mètre 25 de longueur : combien en emploierait-on si les dalles avaient 60 centimètres de moins en longueur ?

9. 15 ouvriers ont fait 86 mètres 19 cent. d'ouvrage en 13 jours : combien faudra-t-il d'ouvriers pour faire le même ouvrage en 5 jours ?

10. On a payé à raison de 7 fr. 50 centimes les 100 kilog., le transport d'une marchandise : que doit-on payer pour un ballot pesant 64 kilogr., 2 ?

11. Un aubergiste a payé 42 fr. pour une pièce de vin de 185 litres. 9 : combien devra-t-il payer pour 253 litres du même vin ?

12. Trois compagnies de soldats, de 120 hommes chacune, ont mis 15 heures à faire une redoute : combien de temps eût-il fallu à une seule compagnie ?

13. On a vendu au prix de 600 fr. 8 ares, 74 de terrain : d'après cela, quelle somme doit-on retirer de 22 ares, 8 du même terrain ?

14. Six ouvriers font 57 mètres d'ouvrage dans un certain temps : combien 19 ouvriers en feront-ils dans le même temps ?

15. Un paysan a reçu 39 fr. 05 cent. pour 11 journées de travail ; une autre fois il a reçu 14 fr. 20 c. : combien avait-il fait de journées dans cette seconde fois ?

16. Il faut 315 kilogr. de pain tous les six jours

pour nourrir les élèves d'une pension : on demande combien de temps on pourrait les nourrir avec 1534 kilogrammes ?

17. Si 30 ouvriers font un certain ouvrage en 11 jours : combien 46 ouvriers mettront-ils de jours à le faire ?

18. Une provision de farine peut nourrir pendant un mois 5 personnes, la ration étant de 1 kilogr., 3 par jour, à combien devrait-on réduire la ration pour nourrir 2 personnes de plus pendant le même temps ?

19. Un bateau à vapeur a fait 15 kilomètres 7 en 38 minutes; un autre a fait 19 kilomètres en 54 minutes : on veut savoir lequel des deux a marché le plus vite ?

20. Pour tapisser un appartement, il a fallu 13 rouleaux de tapisserie à 0 mètre 50 de largeur : combien faudra-t-il de rouleaux à 0 mètre 45 de largeur, la longueur étant égale dans les deux cas ?

21. On a 4 kilogr., 52 de sucre pour 9 fr., et 3 kilogr., 8 de café pour 7 fr. : on demande combien de sucre on aura pour 23 fr., et de café pour 17 fr. 40 cent. ?

22. Un épicier fait venir une caisse de savon pesant 87 kilog., et paie 3 fr. 25 cent. de transport : que paiera-t-il pour une seconde caisse du poids de 34 kilog., 2 ?

23. Deux piétons ont fait, l'un 12 hectomètres 51 en 13 minutes, l'autre 8 hectomètres 45 en 7 minutes : lequel des deux est le meilleur marcheur ?

24. On a acheté 5 kilog. 8 de soie pour 277 fr. 02 cent. : on demande le poids qu'on aurait eu si on l'avait payée 1 fr. de plus par kilog. ?

25. Un entrepreneur, qui employait 8 ouvriers pour achever un ouvrage en 17 jours, obtient un délai de 5 jours : à combien doit-il réduire le nombre de ses ouvriers ?

26. Une conduite en tuyaux de fonte, de 156 mètres de longueur, a coûté 1138 fr. : on demande ce que coûtera une autre conduite de 83 mètres 95 ?

27. Un homme de peine est chargé de transporter de la cave au grenier 134 fagots de bois; il en porte 4 chaque fois, mais chaque voyage lui prend 5 minutes : quel temps lui faudra-t-il pour le tout ?

28. Il faut 125 kilogr. de foin pour nourrir 3 chevaux pendant 5 jours : combien en faudrait-il pour nourrir 30 chevaux pendant 20 jours ?

29. 15 ouvriers ont employé 12 jours pour faire 120 mètres d'un certain ouvrage : on veut savoir combien 35 ouvriers feront de mètres du même ouvrage en travaillant 8 jours ?

30. Un chef de pension a dépensé dans 25 jours 1140 fr. pour l'entretien de 55 élèves : on demande ce qu'il dépensera dans 40 jours pour 81 élèves ?

31. 325 kilogr. de marchandises, transportés à 528 kilomètres, ont coûté 49 fr. : on demande ce que devront coûter 1215 kilog. 09, transportés à 813 kilomètres ?

32. Un champ de blé, de 21 hectares de superficie,

a été moissonné en 5 jours par 9 hommes : combien faudrait-il d'hommes pour moissonner en 7 jours un champ de 15 hectares ?

33. Un voyageur marchant 10 heures par jour a mis 9 jours pour faire 415 kilomètres : combien ferait-il de kilomètres en 22 jours, marchant 8 heures par jours.

34. Un copiste a fait 150 pages d'écriture en 12 jours, travaillant 11 heures par jour : on veut savoir combien il lui faudrait de jours pour faire le même nombre de pages, en ne travaillant que 8 heures par jour?

35. Six personnes ont dépensé 280 fr. pour 11 journées de séjour dans une ville ; un certain nombre de personnes, faisant les mêmes dépenses que les premières, ont payé 340 fr. pour 4 jours : quel était le nombre de ces dernières ?

36. Cinq hommes ont fait un certain ouvrage en 36 jours, travaillant 9 heures par jour : on demande ce qu'il faudrait de journées de 8 heures à 17 hommes pour faire le même ouvrage ?

37. On a payé 186 fr. pour 8 pièces de toile, ayant chacune 0 mètre 95 de largeur : on demande ce qu'on doit payer pour 15 pièces de la même toile, de la même longueur, mais qui n'aurait que 0 mètre 82 de largeur.

38. Un convoi peut faire 205 kilomètres en 14 jours marchant 6 heures par jour ; mais on voudrait le faire arriver en 12 jours : on demande combien d'heures il doit marcher par jour ?

39. La garnison d'une citadelle se compose de 1800 hommes et a pour 3 mois de vivres, la ration étant de 5 hectogr. par jour. On augmente la garnison de 300 hommes, et l'on veut que les vivres durent 4 mois : à combien doit-on réduire la ration ?

40. Un ouvrier qui a travaillé pendant 21 jours et 8 heures par jour, a reçu 64 fr. ; un second ouvrier qui a travaillé pendant 32 jours a reçu 96 fr. : combien d'heures ce dernier a-t-il travaillé par jour ?

41. Une citerne peut fournir à 25 ménages 4 litres d'eau par jour pendant 5 mois. En supposant qu'on veuille faire durer cette provision 3 mois de plus, et que l'on double le nombre des ménages : à combien de litres faut-il fixer la consommation journalière de chaque ménage ?

42. Deux pièces d'étoffe de même qualité ont été vendues, la première, de 56 mètres 80 de long sur 0 mètre 65 de large, au prix de 73 fr. ; la seconde, de 41 mètres sur 0 mètre 70 de large, au prix de 57 fr. : laquelle est à meilleur marché ?

43. 48 ouvriers, travaillant 12 heures par jour, ont creusé en 30 jours un canal de 620 mètres de long sur 2 mètres 7 de large : quelle serait la longueur d'un fossé de même profondeur, mais de 3 mètres 90 de largeur, que pourraient creuser dans 18 jours 15 ouvriers travaillant 9 heures par jour ?

RÈGLE D'INTÉRÊT.

1. *La règle d'intérêt a pour but de détermi-*
ner ce que rapporte une somme au bout d'un
certain temps; cette règle comprend quatre
quantités, savoir :

2. 1º *L'intérêt de la somme placée, c'est-à-*
dire le bénéfice que l'on en retire.

2º *La somme placée que l'on appelle capital.*

3º *L'intérêt d'un franc pendant un an, qui*
porte le nom de taux (1).

4º *Le temps pendant lequel elle reste placée.*

D'après cette définition on peut se proposer

___

(1) Le taux légal est de cinq pour cent par an et de
six dans le commerce. Toute convention qui dépasse
ce taux est défendue par la loi et réputée usuraire.

On dit trois pour cent, c'est-à-dire trois francs pour
cent francs ou trois centimes pour cent centimes,
quatre et demi pour cent, c'est-à-dire quatre francs
cinquante centimes pour cent francs ou quatre centimes cinq millimes pour cent centimes, et l'on écrit
ces expressions sous la forme que voici : 3 p. %, —
4 p. %, — 4 1/2 p. %, — 5 p. %.

quatre problèmes dans les règles d'intérêt, car l'on peut avoir à déterminer l'*intérêt*, le *capital*, le *taux* ou le *temps* à l'aide des trois quantités connues.

3. *On distingue deux sortes d'intérêts :* l'intérêt simple est celui où, chaque année, l'intérêt ne s'accumule pas avec le capital, et l'intérêt composé est celui dans lequel on cherche l'intérêt d'une somme, en supposant que, chaque année, l'intérêt s'ajoute à la somme augmentée de son intérêt au bout de l'année précédente.

1° Capital. *Quel est le capital qui a produit 2100 fr. au bout de 7 ans à 5 % ?*

Les taux de 5 p. % par an, 0,05 × 7 est le produit de 1 fr. pendant 7 ans; et le quotient de 2100 fr. par 0,05 × 7, égale 6000 fr. qui est le capital demandé.

Règle : *Divisez l'intérêt par le taux multiplié par les années.*

Voici la formule :
$$C = \frac{I}{T \times A.}$$

2° Intérêt. *Que rapporteront 6000 fr. placés à 5 % au bout de 7 ans ?*

1 fr. rapporte 0,05 en un an et 0,05 × 7 en 7 ans, par conséquent 6000 fr. rapporteront 6000 × 0,05 × 7 = 2100 fr.

Règle : *Multipliez le capital par le taux et les années.*

Voici la formule : $I = C \times T \times A$

3° Taux. *A quel taux faut-il placer 6000 fr. pour avoir 2100 fr. d'intérêt au bout de 7 ans?*

L'intérêt de 6000 fr. au bout de 7 ans est de 2100 fr., en 1 an il est de $\frac{2100}{7}$; en conséquence, l'intérêt de 1 fr. est de $\frac{2100}{6000 \times 7} = 0{,}05$.

Règle. *Divisez l'intérêt par le capital, multiplié par les années.*

Voici la formule : $T = \dfrac{I}{C \times A}$.

4° Années. *Pendant combien de temps faut-il placer 6000 fr. à 5 % pour avoir 2100 fr.?*

1 fr. rapporte 0,05 en 1 an, 6000 fr. rapporteront $6000 \times 0{,}05$ dans le même temps ; donc $\frac{2100}{6000 \times 0{,}05} = 7$ ans.

Règle : *Divisez l'intérêt par le capital, multiplié par le taux.*

Voici la formule : $A = \dfrac{I}{C \times T}$.

De l'un des résultats obtenus ci-dessus on

obtient de suite les trois autres; car de cette
première égalité :

$$\overset{\text{Intérêt.}}{2100} = \overset{\text{Capital.}}{6000} \times \overset{\text{Taux.}}{0,05} \times \overset{\text{Années}}{7}$$

On en retire : 1° $6000 = \dfrac{2100}{0,05 \times 7}$

$$2° \ 0,05 = \dfrac{2100}{6000 \times 7}$$

$$3° \ 7 = \dfrac{2100}{6000 \times 0,05}$$

REMARQUE. Lorsque la somme est placée pendant
un certain nombre d'années et de mois, on convertit
le tout en nombre fractionnaire ou fractions d'années...... Il faudra donc convertir le tout en mois, et
diviser par douze. Ainsi dans l'exemple précédent, si
le capital était placé 4 ans et 7 mois, on aurait 55
mois.

Dans une année ou douze mois, on trouve un certain intérêt; pour un mois, l'intérêt est 12 fois plus
petit, donc il faut diviser par 12; enfin pour 55 mois,
l'intérêt sera 55 fois plus grand.

Lorsque l'on a des années, des mois et des jours,
on convertit le tout en jours et l'on regarde l'année
commerciale comme composée de 360 jours et le mois
de 30 jours; il faudra donc multiplier l'intérêt pour
un an par le nombre total de jours et diviser par 360.

Problèmes.

1. Quels seront, à un centime près, les intérêts
d'une année des sommes suivantes, à 5 p. °/₀ : 36 fr.

— 54 fr., — 128 fr. 15 cent., — 350 fr., — 564 fr.,
— 7209 fr., — 192 fr. 65 cent., — 1007 fr. 75 c.,
— 25000 fr., — 3921 fr. 32 cent., — 97104 fr. 85
cent., — 100300 fr. 58 cent. ?

2. Quel serait l'intérêt des mêmes sommes, au
même taux : pour 7 jours, — pour 36 jours, — 142
jours ?

3. Résoudre les mêmes questions, sur les mêmes
sommes, à 6, — à 4 1/2, — à 4, — à 3 p. %.

4. Quel est l'intérêt de 9000 fr. pour 5 ans, à 10
p. % par an ?

5. Un jeune homme qui avait quelques épargnes,
s'est engagé : il voudrait se faire une rente annuelle
de 650 francs, quel capital lui faut-il, s'il le place à
5 p. % ?

6. Une personne a placé une certaine somme à 4
p. %, qui lui a produit, en 3 ans, 8550 fr. : quelle
est cette somme ?

7. J'ai prêté 11680 fr. à 5 p. % : combien dois-je
recevoir au bout de 55 jours ?

8. La somme de 8680 fr. placée à intérêts, a rapporté 1171 fr. 80 cent. en 3 ans : à quel taux était-
elle placée ?

9. On a donné 1910 fr. à intérêts sur le pied de
6 % : on demande dans combien de temps l'emprun-
teur devra 2826 fr. 80 cent. en tout ?

10. On a placé 25000 fr. à intérêts : au bout de
8 ans on reçoit 37000 fr., tant pour capital que pour
ntérêts : quel était le taux ?

18.

11. On a placé une somme à raison de 4 1/2 p. %. et, en 10 ans, elle a donné 4500 fr. d'intérêts : quelle était cette somme ?

12. Deux marchands de drap ont acheté 258 mètres 45 centimètres, il leur revient à 68 fr. 50 cent. le mètre ; ils veulent le revendre de manière qu'ils gagnent autant sur chaque mètre que s'ils plaçaient leur argent à 5 % ; combien faut-il qu'ils revendent le mètre ?

13. Une somme de 2580 fr. a été placée pendant 5 mois 10 jours à 4 p. % : quel intérêt a-t-elle rapporté ?

14. On demande l'intérêt d'une somme de 650 fr. pour 3 ans, 7 mois, à raison de 5 trois quarts p. % (1) ?

15. Quel est l'intérêt de 324 fr. pendant 21 jours, au taux de 6 p. % par an ?

16. On a placé une somme de 986 fr. pendant 2 mois 16 jours à 3 et demi p. %, quel intérêt doit-on recevoir.

17. Un ouvrier qui a porté une somme de 200 fr. à la caisse d'épargne la retire au bout de 9 mois 25 jours : combien lui revient-il, sachant que l'intérêt est payé à 4 p. % ?

18. Combien de temps faut-il pour qu'une somme de 1410 fr. produise au 5 p. % par an un intérêt de 182 francs ?

(1) Lorsque le taux est accompagné d'une fraction ordinaire, il faut toujours réduire cette fraction en fraction décimale du franc ; c'est ainsi, par exemple, que le taux de 3 et demi pour 100 sera ramené à 3, 5 ; de même, 5 trois quarts pour 100 se ramènerait à 5, 75, etc.

19. Quelqu'un emprunte au 6 p. °/₀ une somme de 950 fr. et rend 1230 fr. au prêteur : pendant combien de temps a-t-il gardé cette somme ?

20. Quel est le capital qui rapporte 48 fr. d'intérêt à 5 p. °/₀ par an ?

21. Une personne touche annuellement 850 fr d'un capital placé au 4 et demi p. °/₀ : quel est ce capital ?

22. Quel est le capital qui produirait en 2 ans 4 mois, à 6 p. °/₀ par an, un intérêt de 204 fr. ?

23. Un capital placé pendant 23 mois au 7 p. °/₀ a rapporté 462 fr. 15 cent. d'intérêt : faire connaître la valeur du capital ?

24. Une somme de 1250 fr. a rapporté 56 fr. 25 c. d'intérêt dans un an : à quel taux avait-elle été placée ?

25. A quel taux faut-il placer 420 fr. pour avoir 90 fr. 80 cent. d'intérêt au bout de 4 ans ?

26. A 5 p. °/₀, quelle somme faut-il placer pour qu'elle rapporte au bout de 3 ans 4 mois un intérêt de 228 fr. 67 cent. ?

27. On place pendant 7 mois une somme de 1135 fr : quel intérêt doit-on retirer, le taux étant à trois quarts p. °/₀ par mois ?

28. Une somme de 4300 fr. a rapporté 561 fr. 81 c. d'intérêt au bout de 2 ans 3 mois 8 jours : dire à quel taux elle avait été placée ?

29. A quel taux avaient été placés 510 fr. qui, au bout de 23 jours, ont été payés 511 fr. 466, capital et intérêt compris ?

DES INTÉRÊTS COMPOSÉS.

L'intérêt est composé lorsque, chaque année, l'intérêt s'ajoute au capital.

Ainsi l'intérêt étant de 5%, 1 fr. vaut la première année $(1^f,05)^1$

La seconde année la proportion
1 : 1,05 :: 1,05 : x donne $(1^f,05)^2$

La troisième année, la proportion
1 : 1,05 :: $(1,05)^2$: x donne $(1^f,05)^3$
ainsi de suite. Les chiffres 1, 2, 3... que l'on place un peu au-dessus de 1,05 se nomment exposants ; ils indiquent que 1,05 est multiplié par lui-même autant de fois qu'il y a d'années. D'après cela, pour indiquer l'intérêt composé à 5, 6, 7, etc., pour 100 au bout de 8 ans, on écrit $(1,05)^8$ $(1,06)^8$ $(1,07)^8$... La table qui suit donne les intérêts composés de 1 fr. à 5, 6, 7, 8, 9 et 10 % depuis 1 an jusqu'à 20 ans.

Ans	à 5 0/0.	à 6 0/0.	à 7 0/0.	à 8 0/0.	à 9 0/0.	à 10 0/0.
1	1f05	1f06	1f07	1f08	1f09	1f1
2	1,1025	1,1236	1,1449	1,1664	1,1881	1,21
3	1,157625	1,191016	1,225043	1,259712	1,295029	1,331
4	1,215506	1,262477	1,310796	1,360489	1,411582	1,4641
5	1,276282	1,338226	1,402552	1,469328	1,538624	1,61051
6	1,340096	1,418519	1,500730	1,586874	1,677100	1,771561
7	1,407100	1,503030	1,605781	1,713824	1,828039	1,948717
8	1,477455	1,593848	1,718186	1,850930	1,992563	2,143589
9	1,551328	1,689479	1,838459	1,999005	2,171893	2,357948
10	1,628895	1,790848	1,967151	2,158925	2,367364	2,503742
11	1,710339	1,898299	2,104852	2,331639	2,580426	2,853117
12	1,795856	2,012196	2,252192	2,518170	2,812665	3,138428
13	1,885649	2,132928	2,409845	2,719624	3,065805	3,452271
14	1,979932	2,260904	2,578534	2,937194	3,341727	3,797498
15	2,078928	2,396558	2,759032	3,172169	3,642482	4,177248
16	2,182875	2,540352	2,952164	3,425943	3,970306	4,594973
17	2,292018	2,692773	3,158815	3,700018	4,327633	5,054470
18	2,406619	2,854339	3,379032	3,996019	4,717120	5,559917
19	2,526950	3,025600	3,616528	4,315701	5,141681	6,115900
20	2,653298	3,207135	3,869084	4,660957	5,604411	6,727500

Par le moyen de cette table, on peut répondre
e suite aux deux questions suivantes :

1° *Quelle serait, au bout de 18 ans, la va-*
eur de 540000 fr. placés à 6 % intérêts com-
osés ?

Puisque 1 fr. placé à 6 0/0 intérêts composés, vaut
'854339 au bout de 18 ans, 540000 fr. vaudront 540000
× 2,854339 = 1541343 fr. 06 cent.

2° *Quel est le capital qui, placé à 6 % inté-*
êts composés, vaudrait 1541343 fr. 06 cent.
u bout de 18 ans ?

Puisque 1 fr. placé à 6 0/0, intérêts composés, vaut 2,854339 au bout de 18 ans, le capital demandé est $\frac{1441754,04}{2,854339} = 510000$ fr.

Si l'on demandait le capital, la réponse ne serait pas toujours possible, quant au temps, on ne peut l'obtenir sans le secours des logarithmes.

Problèmes.

1. Une personne place 3000 fr. pour 2 ans à raison de 4 p. % par an, à condition qu'on lui paiera les intérêts des intérêts : combien recevra-t-elle après ce temps ? R. 3244 fr. 80 c.

2. Un mineur qui s'est fait émanciper exige que son tuteur lui fasse le remboursement de 6000 fr. de capital, avec les intérêts des intérêts au denier 20 pour 3 ans : combien recevra-t-il ? R. 6945 fr. 75 c.

3. Un maître de maison voulant récompenser les services d'un domestique dévoué, place chez un banquier, à 6 p. %, intérêts composés, pour l'aîné de ses enfants, 300 fr. remboursables au bout de 18 ans ; pour le second fils, 200 fr. remboursables au bout de 21 ans, enfin 150 fr. pour le plus jeune, remboursables au bout de 25 ans. On demande ce que chaque enfant aura.

4. Un tuteur est tenu de faire le remboursement de 5500 fr. de capital avec les intérêts composés sur le pied de 5 p. % : combien doit-il payer après 6 années ?

DES RENTES SUR L'ÉTAT.

Les expressions 4 1/2 p. 0/0, 3 p. 0/0 semblent dire que 100 fr. rapportent 4 fr. 1/2, 3 fr. : cela n'est pas. Il y a peu de temps que 100 fr. rapportaient 5 fr. ; et 60 fr. 3 fr. Aujourd'hui 100 fr. ne rapportent que 4 fr. 50 cent., et proportionnellement 66 fr. 67 cent. rapportent 3 fr. ; mais très-souvent, par suite des événements, les taux de 4 1/2 et 3 pour 100 diminuent ou augmentent de quelques faibles parties d'un centime ; or, il eût été difficile d'exprimer cette diminution sur les taux. Pour obvier à cet inconvénient, on est convenu de laisser les taux fixes et de changer les capitaux. Ainsi les fonds ont-ils baissé de 4 fr., par exemple, on dira : la rente à 4 1/2 p. 0/0 se paie 96 fr. ; si les fonds ont augmenté de 4 fr., on dira : la rente à 4 1/2 p. 0/0 se paie 104 fr., et si les fonds n'ont pas changé on dira : la rente à 4 1/2 p. 0/0 se paie 100 fr. Il en serait de même pour la rente à 3 p. 0/0. Il serait peut-être mieux de dire : la rente à 3 pour 66 fr. 67 cent. ; mais l'expression 3 p. 0/0 est consacrée.

D'après cela on comprendra les questions suivantes, où les expressions *pour* 100 ne signifient rien.

1° *Les* 4 1/2 *p.* % *sont à* 95 *fr. : combien se paieront* 1500 *fr. de rente ?*

4 1/2 se paient 95 fr., 1 fr. se paiera $\frac{95}{4,5}$;

et 1500 fr. se paieront $\dfrac{95\times1500}{4,5}$ 31666 fr. 67 cent.

2° *Les 3 % se paient 75 fr. : combien se paieront 100 fr. de rente ?*

3 fr. se paient 75 fr. ; 1 fr. se palera $\dfrac{15}{5}$ et 100 fr. se paieront $\dfrac{15\times100}{5}$ = 2500 fr.

3° *On a payé 5125 fr. pour avoir 250 fr. de rente à 5 % : quel était le cours de la rente ?*

Les fonds étant à 1 %, on aurait payé $\dfrac{5125}{250}$, mais comme ils étaient à 5 %, il a fallu payer 5 fois plus : ce qui donne $\dfrac{5125\times5}{250}$ = 102 fr. 50 pour le cours de la rente.

Problèmes sur les rentes.

Si 3 fr. de rente se paient 78 fr. : combien se paieront 140 fr. de rente ?

Si la rente est au pair, c'est-à-dire au prix réel de 100 fr. pour 4 et demi de rente : combien de rentes 4 et demi p. % aura-t-on pour 12000 fr. ?

Combien aura-t-on de rente 3 p. % pour 2600 fr. en supposant la rente au pair ?

On a payé 1572 fr. pour avoir 75 fr. de rente 4 et demi p. % : quel était le cours de la rente ?

Le 22 janvier 1853, la rente 4 et demi p. % était 104 fr. 95, et la rente 3 p. % à 80 fr. 20 : on demande si le 4 et demi p. % était proportionnel au 3 p. % ?

Un officier retraité veut se faire 2950 fr. de rentes en achetant du 3 °/₀ au cours de 71 fr. 45 : quelle somme doit-il débourser ?

Un cultivateur, ayant vendu trois bœufs au prix de 210 fr. la pièce, achète, avec la somme qu'il en retire, du 3 p. °/₀ au cours de 78 fr. 50 : à quel taux réel place-t-il son argent ?

Un marchand de fourrures se retire du commerce avec une somme de 31520 fr. 50 ; il achète, avec ce capital, du 3 °/₀ au cours de 70 fr. 45 : quelle sera sa rente annuelle ?

RÈGLES D'ESCOMPTE.

Escompter un billet, c'est retenir sur sa valeur les intérêts qu'il aurait produits à l'époque de l'échéance.

On distingue deux sortes d'escomptes :

L'escompte en dedans ;

L'escompte en dehors.

Dans les deux cas, pour simplifier les calculs, on suppose l'année de 360 jours, et les mois de 30 jours.

Dans les règles d'escompte, *le billet* indique la somme à recevoir; *l'escompte* est la retenue à faire sur le billet; *la valeur du billet* est le montant du billet diminué de l'escompte; *le taux* est l'intérêt de 1 fr. pour un an, enfin le temps indique l'époque du remboursement du billet.

Règle de l'escompte en dedans, à 5 p. %.

	1,00 payable au bout de 0 jour	
	1,05 — 1 an	
	1,10 — 2 ans	
	1,15 — 3 ans	
	1,20 — 4 ans	
Pour	1,25 — 5 ans	
l'escompte	1,30 — 6 ans	
en dedans	1,35 — 7 ans	serait
on est	1,40 — 8 ans	acquitté
convenu	1,45 — 9 ans	de suite
qu'un billet	1,50 — 10 ans	par
de	1,55 — 11 ans	1 franc.
	1,60 — 12 ans	
	1,65 — 13 ans	
	1,70 — 14 ans	
	1,75 — 15 ans	
	1,80 — 16 ans	
	1,85 — 17 ans	
	1,90 — 18 ans	
	1,95 — 19 ans	
	2,00 — 20 ans	

D'après cette table, il est facile de résoudre cette question : *l'escompte étant à 5 %, quelle somme doit donner un banquier pour un billet de 6750 fr., 7 ans avant l'échéance ?*

D'après cette table, on voit que 1 fr. 35 a pour valeur actuelle 1 fr.; donc 6750 fr. ont pour valeur 6750 : 1,35 = 5000 fr.

Règle. *Divisez le montant du billet par 1 fr. augmenté de son intérêt multiplié par le temps qui reste à écouler.*

Envisageons la question sous un autre point de vue. Le billet de 6750 fr. contient sa valeur actuelle plus l'intérêt de cette valeur pour 7 ans, et comme 1 fr. 35 contient aussi sa valeur actuelle 1 fr., plus l'intérêt de cette valeur pour 7 ans, il s'en suit que les deux nombres 6 50 et 1,35 sont composés de la même manière; or si 1 fr. 35 a pour valeur actuelle 1 fr., 6750 fr. doivent avoir pour valeur actuelle 6750 : 1,35 = 5000 fr.

Conclusion. *Dans les règles d'escompte en dedans, le banquier retire du billet l'intérêt de sa valeur actuelle multipliée par le taux et le temps qui reste à écouler.*

Règle de l'escompte en dehors, à 5 p. %.

<table>
<tr><td rowspan="21">Pour l'escompte en dehors on est convenu qu'un billet de 1f. payable au bout de</td><td>0 jour serait acquitté de suite par</td><td>1,00e</td></tr>
<tr><td>1 an — —</td><td>0,95</td></tr>
<tr><td>2 ans — —</td><td>0,90</td></tr>
<tr><td>3 ans — —</td><td>0,85</td></tr>
<tr><td>4 ans — —</td><td>0,80</td></tr>
<tr><td>5 ans — —</td><td>0,75</td></tr>
<tr><td>6 ans — —</td><td>0,70</td></tr>
<tr><td>7 ans — —</td><td>0,65</td></tr>
<tr><td>8 ans — —</td><td>0,60</td></tr>
<tr><td>9 ans — —</td><td>0,55</td></tr>
<tr><td>10 ans — —</td><td>0,50</td></tr>
<tr><td>11 ans — —</td><td>0,45</td></tr>
<tr><td>12 ans — —</td><td>0,40</td></tr>
<tr><td>13 ans — —</td><td>0,35</td></tr>
<tr><td>14 ans — —</td><td>0,30</td></tr>
<tr><td>15 ans — —</td><td>0,25</td></tr>
<tr><td>16 ans — —</td><td>0,20</td></tr>
<tr><td>17 ans — —</td><td>0,15</td></tr>
<tr><td>18 ans — —</td><td>0,10</td></tr>
<tr><td>19 ans — —</td><td>0,05</td></tr>
<tr><td>20 ans — —</td><td>0,00</td></tr>
</table>

D'après cette table, il est facile de résoudre cette question : *l'escompte étant à 5 0/0, quelle somme doit donner un banquier pour un billet de 6750 fr., 7 ans avant l'échéance ?*

D'après cette table, on voit que 1 fr. a pour

valeur 0 fr. 65 cent.; donc 6750 fr. ont pour valeur $0.65 \times 6750 = 4387$ fr. 50 cent.

Règle. Multipliez le montant du billet par 1 fr. diminué de son intérêt multiplié par le temps qui reste à écouler.

Envisageons la question sous un autre point de vue. L'intérêt de 1 fr. au bout de 7 ans, à 5 0/0, est de 0 fr. 35 cent.; celui de 6750 fr. est de $0,35 \times 6750 = 2362$ fr. 50 cent., et $6750 - 2362.50 = 1387$ fr. 50 cent., on en conclut cette règle. L'intérêt du billet pour le temps qui reste à s'écouler, étant retranché du billet, nous donne la valeur actuelle.

Conclusion Dans les règles d'escompte en dehors, le banquier retire l'intérêt du billet multiplié par le temps qui reste à s'écouler.

Conclusion finale :

Pour l'escompte en dedans, *le banquier retire l'intérêt de la valeur actuelle du billet.*

Pour l'escompte en dehors, *le banquier retire l'intérêt du billet.*

Voici la différence de ces deux escomptes :

Pour l'escompte en *dehors*, le banquier a retenu $6750 - 4387.50 = 2362^f 50$

Pour l'escompte en *dedans*, il a retenu $6750 - 5000 = 1750$

Différence. $612^f 50$

Comme, en général, l'escompte n'a lieu que pour quelques mois, cette différence se réduit à peu de chose.

En effet, *soit demandé la valeur d'un billet de 6750 fr. 3 mois avant l'échéance, l'escompte étant de 5 p. 0/0.*

Pour l'escompte en dehors, l'intérêt de 1 fr. étant de 0,05 pour un an, sera de 0,05 : 4 = 0,0125 pour 3 mois; donc l'intérêt de 6750 fr. est de 0,0125 × 6750 .... 84 fr. 375

Pour l'escompte en dedans, on aura, d'après ce qui précède .... 83 fr. 333

Ce qui donne pour différence .... 1 fr. 042

Le taux étant de 6 0/0, on aurait pour l'escompte en *dehors :* 0,06 : 4 = 0,015, et 6750 × 0,015 = 101 fr. 25 c.

Pour l'escompte en dedans 6650,25 × 0,005 .... 99 fr. 75

Différence. .... 1 fr. 50

Problèmes.

1. Que doit-on recevoir pour un billet de 1200 fr. payable dans 7 mois 20 jours, que l'on fait escompter, en dehors, au taux de 6 et demi p. 0/0 ?

2. Un commerçant doit payer une somme de 728 fr. dans 5 mois 10 jours ; mais comme il veut payer deux mois avant l'échéance, on lui escompte à 4 p. 0/0 : à combien s'élevera son escompte pris en dehors ?

3. Un billet de 810 fr. payable au 1er octobre, est passé le 15 juin de la même année à une autre per-

...onue : combien celle-ci doit-elle payer, l'escompte étant à 5 p. 0/0 et en dehors ?

4. On demande l'escompte en dehors de 457 fr. pour 25 jours, à 6 p. 0/0 ?

5. Un billet de 1283 fr., escompté en dehors à 6 p. 0/0. a subi à titre d'escompte une retenue de 98 fr : Dire à quelle époque il était payable ?

6. A quel taux a été porté l'escompte d'une somme de 1000 fr. réduite à 965 fr., l'escompte étant pris en dehors et pour un an ?

7. Un négociant a payé pour un billet de 3500 fr. payable dans 13 mois, 3397 fr. : on demande d'après quel taux d'intérêt le billet a été escompté (escompte en dehors) ?

8. Quel est l'escompte de 945 fr. pendant un an, l'escompte étant pris en dedans et à 5 et demi p. 0/0 ?

9. Une personne qui possède un billet de 720 fr. payable dans un an, se présente chez un banquier pour en recevoir la valeur actuelle : quelle somme recevra-t-elle (escompte en dedans à 3 mois et demi p. 0/0) ?

10. Quel est l'escompte en dedans de 596 fr. pendant 18 mois, à 5 p. 0/0 ?

11. Quelle est la somme qui, escomptée pour 3 mois à 6 et demi p. 0/0 et en dedans, se trouve réduite à 314 fr. 25 cent. ?

12. Quelle est la valeur actuelle d'un billet de 855 fr. payable dans 45 jours (escompte en dedans à 3 quarts p. 0/0 par mois) ?

13 Quel est l'escompte en dehors à 4 p. 0/0 d'une somme de 580 fr., payable dans un an ?

14. Quel est l'escompte en dehors à 7 0/0 d'une somme de 1245 fr., payable dans 9 mois ?

15. Quelle est la somme qui, escomptée pour un an à 5 p. 0/0 et en dehors, se trouve réduite à 960 francs 40 cent. ?

16. Que devient la somme de 1832 fr., escomptée à 6 et demi p. 0/0 et en dehors pour 7 mois 11 jours ?

17. On veut toucher sur-le-champ le montant d'un billet de 718 fr , payable dans un an et demi : combien devra-t-on recevoir, le taux étant de 6 0/0 ?

18. On demande la valeur actuelle d'une somme de 787 fr. payable dans 18 mois à 5 p. 0/0 (escompte en dehors).

19. Un particulier qui fait un achat au prix de 350 fr., à 8 mois de terme, se trouve en état de s'acquitter au bout du troisième mois ; dire quel escompte à 5 p 0/0 en dehors doit lui faire le vendeur ?

20. Un billet de 3400 fr. est payable dans 4 mois : quel escompte doit retenir le banquier qui le paie actuellement, en comptant les intérêts à 4 trois quarts p. 0/0 (escompte en dedans) ?

21. Un billet de 355 fr. est payable dans 70 jours ; quel serait l'escompte de ce billet au taux de 6 p. 0/0 ?

22. On a reçu 350 fr. 85 cent. pour un billet payable dans 70 jours, escompté au taux de 6 p. 0/0. Quel était le montant du billet ?

23. Quel est le montant d'un billet payable dans 45 jours pour lequel un banquier a pris un escompte de 3 fr. 20 à 6 p. 0/0 ?

RÈGLES DE SOCIÉTÉ OU DE PARTAGE.

Cette règle a pour but de partager un nombre de la même manière qu'un autre (1). Ainsi veut-on partager 100 en deux parties qui soient entre elles comme 2 est à 3, on regarde 2 et 3 comme les deux parties de 5. Or, pour partager 100

(1) La règle de société peut se définir encore : une opération qui a pour but de partager entre plusieurs associés le gain ou la perte résultant de leur société.

En terme de commerce, la totalité des fonds que des associés ont mis en commun s'appelle la *mise totale*, ou le *capital ;* ce que chacun des associés a avancé s'appelle sa *mise particulière ;* le produit ou le gain qui résulte de leur spéculation commune se nomme le *dividende.*

Si on veut appliquer les proportions aux règles de société, elles deviennent des règles de trois et on établit les termes de la manière suivante :

La mise totale : une mise particulière : : le profit total : profit particulier.

On répète l'opération pour chacun des associés, en établissant sa mise particulière et le quatrième terme exprime son gain particulier. Si trois commerçants ont mis en commun un fonds de 72500 fr., et qu'ils aient un profit total de 19000 fr., voulant savoir quelle part de ce profit revient à celui qui a mis 22000 fr., j'établis cette proposition :

$$72500 : 22000 :: 10000 \text{ fr.} : x = 5760$$

19.

comme 5, il faut prendre $\frac{2}{5}$ et $\frac{3}{5}$ de 100, ce qui donne $\frac{2}{5} \times 100 = 40$, et $\frac{3}{5} \times 100 = 60$, et comme 40 et 60 sont dans le même rapport que 2 et 3, il s'en suit que 100 est partagé dans ses deux parties 40 et 60, de la même manière que 5 dans ses deux parties 2 et 3.

Trois associés ont gagné 5000 fr. dans une entreprise commune :

Le premier avait mis	1100 fr.
Le deuxième	800
Le troisième	600
En tout	2500 fr.

On demande ce qui revient à chaque associé ?

Il est évident que les parts doivent être pro-portionnelles aux mises. Ainsi, puisque 2500 fr. ont rapporté 5000 fr., 1 fr. n'a rapporté que $\frac{5000}{2500}$.

Donc 1100 ont rapporté $\frac{5000}{2500} \times 1100 = 2200$,

800 — $\frac{5000}{2500} \times 800 = 1600$

600 — $\frac{5000}{2500} \times 600 = 1200$

Ici, comme précédemment, le gain total 5000 fr. est partagé comme la mise totale 2500 ;

car le gain de chaque associé est le double de sa mise.

Règle. *On divise le gain ou la perte par la somme des mises, et le quotient multiplié par la mise de chaque associé sera son gain ou sa perte.*

Lorsque les mises sont placées pendant des temps différents, on les exprime en unités de la plus petite espèce, par exemple en mois ou en jours, et l'on ramène ainsi la question à des mises différentes placées pendant le même temps par le moyen de multiplications.

Exemple.

Quatre personnes se sont réunies pour l'exploitation d'une mine, *la première a mis 3500 fr. pour 15 mois, la seconde 5000 fr. pour 18 mois, la troisième 6800 fr. pour 11 mois, et la quatrième 4450 fr. pour 9 mois et demi; elles ont fait un bénéfice total de 5233 fr. 04 centimes qu'elles veulent partager : on demande ce qui revient à chacune d'elles.*

Mise du 1er	3500×15 mois	=	52500
— 2e	5000×18	=	90000
— 3e	6800×11	=	74800
— 4e	$4450 \times 9,5$	=	42275
Somme des mises			259575

Si l'on divise maintenant le bénéfice total 5233 fr. 04 cent. par la somme des mises 259575 pour connaître le gain d'un franc, le quotient sera 0,02016. Or, en multipliant chaque nouvelle mise par ce quotient on trouve que :

La part du 1er associé sera 1058 fr. 40 c.
—   du 2e   1014   40
—   du 3e   1507   97
—   du 4e   852   26
                     ____
          Preuve   5233 fr. 03 c.

à un centime près.

DÉMONSTRATION. Cette règle est fondée sur cette vérité incontestable que 3500 fr. placés pendant 15 mois, par exemple, rapportent le même bénéfice qu'une somme 15 fois plus forte, c'est-à-dire 3500 × 15 = 52500 fr., placée pendant un mois seulement. De même 5000 fr., laissés dans la société pendant 18 mois, produisent autant que 18 fois 5000 ou 90000 fr. laissés pour un mois. Ainsi l'on peut regarder les nouvelles mises 52500, 90000, 74800, 42275,

mme laissées pendant un mois; donc la ques-
n est ramenée au cas précédent, puisque
temps devient le même pour chaque nouvelle
se.

Trois associés ont placé dans une entreprise
mmune :

Le premier 1200 fr. qu'il a laissés pendant
mois ;

Le deuxième, 1800 fr. qu'il a laissés pendant
mois ;

Le troisième, 2400 fr. qu'il a laissés pendant
mois.

Ils ont fait un bénéfice de 6000 fr. : quel est
bénéfice de chaque associé ?

On doit, autant que possible, simplifier les
pports, comme on le voit ci-dessous.

On peut d'abord retirer le facteur 3 des mois,
qui ne changera point le rapport du temps ;
peut aussi retirer des mises le facteur 600,
t ne change pas le rapport des mises ; on aura
nc à résoudre cette question :

Trois associés ont placé.

Le premier, 2 fr. pendant 5 mois, ou 10 fr.
ndant un mois ;

Le deuxième, 3 fr. pendant 3 mois, ou 9 fr. pendant un mois ;

Le troisième, 4 fr. pendant 2 mois, ou 8 fr. pendant un mois.

Ils ont gagné 6000 fr. ; quelle est la part de chaque associé ?

La mise totale est de $10 + 9 + 8 = 27$, le gain est de 6000 fr. Or, si le bénéfice de 27 fr. est de 6000 fr., celui d'un franc est de $\frac{6000}{27}$. Donc,

Le 1er associé aura $\frac{6000}{27} \times 10 = 2222^f. 22^c.$

Le 2e $\qquad \frac{6000}{27} \times 9 = 2000$

Le 3e $\qquad \frac{6000}{27} \times \frac{8}{27} = \underline{1777^f. 78^c.}$

$\qquad\qquad\qquad\qquad\qquad 6000^f.$

Il est évident que les 6000 fr. sont partagés de la même manière que 27.

Un négociant charge un capitaine de long cours d'acheter du café et du sucre à la condition que les $\frac{2}{3}$ du bénéfice seront pour lui, et qu'il réserve les autres $\frac{1}{3}$ pour son fils aîné ; il convient en même temps que les $\frac{3}{4}$ du bénéfice seront pour lui et qu'il réserve les autres $\frac{1}{4}$ pour son jeune fils. Le capitaine consent à cet arrangement et gagne 30000 fr. : on demande ce qui revient au capitaine et aux enfants ?

Le premier rapport, pour le capitaine et le
s aîné, est :: $\frac{2}{3}$: $\frac{3}{5}$ ou comme 2 : 3.

Le deuxième rapport, pour le capitaine et le
un. fi's, est :: $\frac{4}{9}$: $\frac{5}{9}$ ou comme 4 : 5.

Or, le premier rapport ne changera pas, en
multipliant ses deux termes par 4.

Ainsi, au lieu de 2 : 3, on aura 8 : 12.

De même, le deuxième rapport ne changera
as, en multipliant ses deux termes par 2.

Ainsi, au lieu de 4 : 5, on aura 8 : 10.

Donc, les trois parts du capitaine, du fils aîné
du jeune fils, sont comme les trois nombres 8,
0, 12, dont la somme est 30. D'après ce qui
récède, le capitaine aura $\frac{30000}{30} \times 8 = 8000^f$

$$\text{Le fils aîné} \quad \frac{30000}{30} \times 12 = 12000^f$$

$$\text{Le jeune fils} \quad \frac{30000}{30} \times \frac{10}{30} = 10000^f$$

$$\overline{\qquad\qquad 30000^f}$$

Il est évident que les 30000 fr. sont partagés
roportionnellement aux parties 8, 12, 10 de 30.

Exemple d'une règle roportionnelle.

Partager le nombre 360 en trois parties pro-
ortionnelles aux trois nombres 3, 4, 5.

Il est évident que le nombre total des parties proportionnelles égale $3 + 4 + 5 = 12$.

Donc, le nombre 360 renferme 12 parties proportionnelles. Or, pour la totalité de ses parties on doit avoir le nombre 360, pour une seule on n'en aura que le douzième ou $360 : 12 = 30...$

Pour 3, 4, 5 parties proportionnelles, on aura une valeur 3, 4, 5 fois plus grande.

Donc chacune des parties cherchées est successivement égale à

$$1° \; 360 : 12 \times 3$$
$$2° \; 360 : 12 \times 4$$
$$3° \; 360 : 12 \times 5$$

D'où l'on conclut cette règle :

On divise le nombre à partager par la somme des parties proportionnelles, et l'on multiplie le quotient par chacune de ces parties.

Problèmes.

1. On veut partager 624 fr. en parties proportionnelles à 4, 6, 8 et 10 : à combien se montera chaque part ?

2. Partagez 800 fr. en parties proportionnelles à 3, 6 et 9.

3. Trois jardiniers s'étant réunis pour cultiver un

ardin, ont gagné 260 fr.; le premier y a travaillé pen-
ant 15 jours; le deuxième, 12, et le troisième, 25 :
n demande combien chacun doit recevoir du gain, à
proportion du temps qu'il a employé ?

4 Deux particuliers se partagent la somme de 1200 fr.
qu'ils ont gagnée, de manière que quand le premier
aura 4 fr., le second n'aura que 3 fr. : quelle sera la
part de chacun ?

5. Trois jeunes gens ont à se partager 15600 fr., de
manière que, quand le premier en aura 6, le second
n'en ait que 4, et le troisième 2 : combien en auront-
ils chacun ?

6. Deux ouvriers travaillant ensemble, ont fait 118
mètres d'ouvrage, et ont gagné 50 fr.; le premier a
fait 83 mètres, et le second le reste : on demande
quelle part chacun doit avoir au gain ?

7. On a destiné 150 fr. pour faire bâtir un mur auquel
deux maçons ont été employés ; le premier y a travaillé
pendant 38 jours, et le second pendant 18 : on demande combien chacun doit recevoir à proportion du
temps qu'il a travaillé ?

8. Trois frères veulent se partager une succession de
22000 fr., de manière que l'aîné ait 4 parts, le cadet
3, et le dernier 2 : on demande combien chacun doit
avoir de cette succession ?

9. Trois marchands ont fait un fonds commun : le
premier a mis 400 fr., le deuxième 450 fr., et le troisième,
550 : combien revient-il à chacun sur une somme de
2400 ?

10. Trois personnes s'étant associées pour une affaire

de commerce ont mis en commun : la première 25000 fr. ; la deuxième, 30000 ; la troisième, 45000 : quelle part retireront-elles chacune sur un bénéfice de 48000 fr. ?

11. Trois négociants ont chargé un navire de marchandises : le premier pour une somme de 5600 fr., le deuxième pour une somme de 6000 fr , et le troisième de 6400 ; la vente de la cargaison n'a rapporté que 10800 fr. : quelle part revient-il à chacun ?

12. Quatre petits marchands se sont associés pour une entreprise : le premier a mis 200 fr. ; le deuxième, 250 ; le troisième, 300, le quatrième, 350; ils ont perdu 550 fr. : comment répartir cette perte entre les quatre associés ?

13. Trois personnes ont fait un fonds commun de 12000 fr. : la première a retiré 300 fr. pour sa part de bénéfice, la deuxième 350 et la troisième 550 : quelle était la mise de chacune?

14. Quatre personnes ont fait en commun l'achat d'une terre qui a rapporté 4800 fr. : la première avait contribué à l'achat pour une somme de 30000 fr. ; la deuxième, 25000 ; la troisième, 40000 ; la quatrième, 5000 : comment partager le revenu entre ces quatre personnes ?

15. Deux menuisiers ont loué une remise pour la somme de 225 fr. 70 cent ; le premier y a laissé 1600 planches pendant 15 mois, et le second 1257 pendant 2 ans : on demande combien chacun doit payer du loyer ?

16. Trois marchands de chevaux ont loué une écurie :

premier y a logé 35 chevaux pendant 6 mois, le
second, 45 pendant 10 mois, et le troisième, 60 pendant un an : le loyer montant à la somme de 325 fr.,
combien chacun doit-il en payer ?

17. On a employé 4 ouvriers pour faire un certain
ouvrage ; le premier y a travaillé pendant 15 jours et 8
heures par jour ; le second, 12 jours et 10 heures par
jour ; le troisième 18 jours et 9 heures par jour, et le
quatrième, 20 jours et 8 heures et demie par jour : la
somme destinée à cet ouvrage étant de 600 fr. : combien chacun doit-il en avoir ?

18. Deux menuisiers ont entrepris la boiserie d'un
appartement ; le premier y a employé 8 ouvriers pendant
5 jours, et le second 10 pendant 14 jours : on demande quelle part chacun doit avoir à proportion de sa
dépense, sur 6000 fr. qu'on destine à cet ouvrage ?

19. Deux ouvriers veulent se partager la somme de
500 fr. qu'ils ont gagnée : on demande la part de
chacun, sachant que le premier a travaillé 12 heures
par jour pendant 15 jours, et le second 11 heures par
jour pendant 20 jours ?

20. Un riche bourgeois voulant soulager trois pauvres familles, y destine la somme de 3000 fr., à condition que lorsque chaque individu de la première aura
4 fr., ceux de la seconde auront chacun 5 fr., et ceux
de la troisième, 7 : on demande quelle somme chaque
famille doit recevoir, sachant que la première est composée de 5 personnes, la seconde de 8, et la troisième
de 10.

21. Trois personnes partant pour un long voyage ont mis en commun une somme de 40000 fr. qu'elles ont déposée chez un capitaliste qui leur compte 5 pour 100 d'intérêt par an : la première avait mis 15000 fr. ; la deuxième 13000 ; la troisième 12000 ; au bout de 5 ans elles ont à partager le fonds commun : comment se fera ce partage ?

22. Deux associés ont fait un bénéfice de 5400 fr. : le premier avait mis au fonds commun : 000 fr. pendant 2 ans, et le deuxième 4000 pendant 3 ans : partager le bénéfice entre les associés ?

23. Trois individus ont fait un fonds avec lequel ils ont gagné 4550 fr. ; le premier a mis 800 fr. pour 2 ans et demi : le second 500 pour 25 mois, et le troisième, 995 fr. pour 35 mois : on demande quelle somme chacun doit avoir sur le gain ?

24. Trois marchands ont gagné 1508 fr. ; le premier avait mis 1200 fr. pour 18 mois ; le second, 1800 fr. pour 15 mois, et le troisième 200 fr. pour 14 mois : combien chacun doit-il avoir du gain ?

25. Un garçon de boutique s'étant associé avec un colporteur, ils firent un fonds de 16000 fr, au bout de 2 ans ils se partagèrent le gain, et le colporteur qui avait mis 9000 fr. reçut 1800 fr : dites ce que reçut son compagnon, sachant qu'il ne laissa ses fonds en société que pendant 20 mois ?

26 Quatre personnes firent société pour 3 ans ; la première mit au commencement 320 fr., et 5 mois après 2400 fr. ; la seconde mit d'abord 8000 fr., et au bout de 20 mois elle en retira la moitié, et 5 mois après 2100 fr. ; la troisième mit 1500 fr. au commencement et 5000 fr. au bout de 2 ans ; la quatrième mit d'abord 600 fr., et tous les six mois elle augmentait sa mise d'une pareille somme · dites ce que chacune doit avoir du gain. montant à 80000 fr. ?

27 Trois particuliers voulant faire le commerce de toiles, firent un fonds commun : le premier qui eut 400 f. pour bénéfice avait mis 1200 fr. pour 8 mois, le second avait mis 1200 fr. pour 10 mois. et le troisième 1800 fr. pour 5 mois : on demande quel fut le gain total de la société, et celui des deux derniers associés ?

28 Trois marchands se sont associés, et ont mis, le premier 4000 fr. 40 pour dix mois, le deuxième 7006 fr. 50 pour 15 mois et demi, et le troisième 8000 fr. 75 pour 17 mois 20 jours : dites la part que chacun doit avoir au gain, s'il est de 1400 fr. 60 ?

RÈGLE DES MOYENNES.

La règle des moyennes est une opération par laquelle on cherche un nombre moyen entre plusieurs autres nombres donnés (1).

Par exemple, un ouvrier qui a travaillé pendant 4 jours a gagné le 1er jour, 3 fr ; le 2e,

(1) Cette règle générale des moyennes, si simple à retenir, a de nombreuses applications dans la pratique.

3 fr. 75 ; le 3e, 1 fr. 25 ; et le 4e, 5 fr. : combien a-t-il gagné par jour, terme moyen ?

Pour résoudre ce problème il faut faire le total de tous les gains, et le diviser par 4, nombre des jours de travail.

Solution. 3 + 3, 75 + 4, 25 + 5 = 16, et 16 divisé par 4 = R. 4 fr.

Problème sur les moyennes.

Quelle est la moyenne des nombres 5, 9, 16 ?

On a mesuré à quatre reprises différentes la longueur d'une allée, et l'on a trouvé successivement les longueurs suivantes : 197 mètres, 201 mètres, 198 mètres, 200 mètres 38 : quelle est la moyenne de ces longueurs ?

Une ferme a rapporté 650 fr dans une année, 710 fr. la seconde année. 675 fr. la troisième année , 809 fr. la quatrième année. et enfin 923 fr. la cinquième année : on demande quel est le revenu moyen de cette ferme ?

Un coureur a mis à faire un certain trajet une fois 7 minutes un tiers. une seconde fois 8 minutes un quart, une troisième fois 9 minutes : trouver la moyenne de ces trois quantités ?

On a recueilli sur une terrasse l'eau de pluie tombée pendant une semaine. et la quantité a été de 31 centimètres : on demande ce qu'il en est tombé par jour (terme moyen) ?

RÈGLE DU TEMPS POUR LES PAIEMENTS.

La règle du temps pour les paiements est une opération qui sert à découvrir les temps où les paiements doivent être faits, selon les conventions des créanciers et des débiteurs.

On peut proposer sur cette règle deux cas différents.

PREMIER CAS.

Dans le premier cas, on cherche à quelle époque on devra faire un seul paiement pour en remplacer plusieurs qui devraient avoir lieu à des époques différentes, afin qu'il y ait compensation dans les intérêts réciproques, comme dans l'exemple suivant :

Un ouvrier doit 24 fr., payables comme il suit, savoir : 4 fr. dans deux mois, 8 fr. dans 8 mois, et 12 fr. dans 8 mois. Il convient avec son créancier de ne faire qu'un seul paiement : en quel temps doit-il le faire pour qu'il y ait compensation ?

Pour résoudre ce problème, il faut multiplier chaque somme par le temps de son crédit, faire *le total des produits, et le diviser par celui de la dette : le quotient donnera le temps du paie-ment.*

Opération.

$$4 \text{ fr.} \times 2 \text{ mois} = 8 \text{ fr.}$$
$$8 \times 5 = 40$$
$$12 \times 8 = 96 \quad | \quad 24$$

24	144	6 mois.
	00	

La raison de cette opération, c'est que l'on suppose que l'argent profite entre les mains du possesseur proportionnellement au temps qu'il l'a à sa disposition.

Or, on gagne autant, par exemple, avec 2 fr. en trois mois, qu'avec 6 en 1 mois.

Dans le deuxième cas de la règle du temps pour les paiements, on cherche combien de temps on doit différer un paiement pour compenser les avances qu'on a faites.

Pour découvrir l'époque cherchée, il faut multiplier la somme due par le temps de son crédit ; multiplier pareillement les sommes avancées par le temps qu'on les a gardées ; faire la somme des produits, et la retrancher de la somme due, multipliée par son temps ; diviser le restant par ce qui reste à payer ; le quotient donnera le temps du paiement du reste de la dette.

Exemple.

J'ai acheté pour 180 fr. de marchandises à 8 mois de crédit; au bout de quatre mois, je paie 30 fr., et deux mois après 40 fr. : combien de temps dois-je garder le reste pour compenser les avances que j'ai faites. R. Dans 9 mois $\frac{9}{11}$.

Opération.

Sommes dues.		Sommes avancées.
$180 \times 8 = 1440$		$30 \times 4 = 120$
$70 \qquad 360$	110	$40 \times 6 = 240$
$110 \qquad 1080$	$\overline{9\ }$	$70 \qquad 360$
90		

EXERCICES SUR LA RÈGLE DU TEMPS POUR LES PAIEMENTS.

1. Un marchand a acheté du drap pour 95000 fr., il doit en payer un cinquième chaque mois : de combien sera chaque paiement ?

2. Un particulier doit 15960 fr payables, un quart comptant, deux tiers dans 6 mois, et le reste au bout de 1 an : de combien sera chaque paiement ?

3. J'ai acheté 340 mètres de toile à 2 fr. 60 cent. le mètre, 250 mètres de drap à 15 fr. 20 cent, 175 mètres de calicot à 1 fr. 75 cent, et 801 mètres 95 centimètres d'indienne à 5 f. : on m'accorde 4 mois

de crédit, à condition qu'à commencer de cette époque je paierai 1500 fr. chaque mois : dans combien de temps aurai-je acquitté cette dette ?

4. Je dois 16848 fr. payables comme suit : la demie comptant, le quart du reste dans 6 mois, les deux tiers de ce qui restera à payer dans 8 mois, et solder le reste de la dette au bout de 1 an : quel sera le montant de chaque paiement ?

5. J'ai acheté pour une certaine somme de marchandises que je dois acquitter par huitièmes, de mois en mois : dites quelle est cette somme, et de combien sera chaque paiement, sachant que 310 fr. que j'ai donnés à compte, sont à la somme totale : : 5 : 350

6. J'ai acquitté une dette en quatre paiements : le premier a été de 1800 fr. ; pour le second j'ai donné deux fois un tiers plus que pour le premier ; pour le troisième j'ai donné autant que pour les deux premiers, moins 1350 fr. 75 cent., et pour le quatrième, la moitié du second et les trois quarts du troisième : combien devais-je, et quel est le montant de chaque paiement ?

7. J'ai acheté pour 6800 fr. de marchandises payables dans 9 mois, à condition que si j'avançais 3000 fr. je pourrais garder le reste 12 mois : à quelle époque devrais-je faire cette avance ?

8. Un négociant devait 3000 fr. payables dans 6 mois, 4500 fr. dans 8 mois, et 9500 fr. dans 10 mois. Or il paie 12000 fr. au bout de 5 mois : combien de temps peut-il garder le reste ?

RÈGLE D'ALLIAGE.

Le but de cette règle est de trouver le prix d'un mélange de diverses quantités dont les prix sont connus.

On demande le prix du mélange de **7** *litres de liqueur à 5 fr., de 6 litres à 4 fr., de 8 litres à 9 fr. et de 4 litres à 7 fr.*

Il est évident que 7 litres à 5 fr. coûtent 35 f.

$$6 \quad - \quad 4 \quad - \quad 24$$
$$8 \quad - \quad 9 \quad - \quad 72$$
$$4 \quad - \quad 7 \quad - \quad 28$$

Donc les 25 litres coûtent   159 f.

Par conséquent, 1 litre du mélange revient à 159 : 25 = 6 fr. 36 cent.

RÈGLE. *On multiplie le nombre d'unités de chaque espèce par le prix de l'unité. La somme des produits étant divisée par le total des unités mélangées, donnera au quotient le prix du mélange.*

*Un liquoriste n'a que de liqueurs de 4 fr. et
e 9 fr.; on lui en demande de 6 fr.*

S'il donne 1 litre de 4 fr. pour 1 litre de 6 fr.,
l aurait en trop 2 fr.

Et s'il donne 1 litre de 9 fr pour 1 litre de
fr , il aurait en moins 3 fr.

Il devra donc prendre 3 litres de 4 fr. et 2 de
fr.

Car en donnant 3 litres de 4 fr. pour 3 litres
de 6 fr., il aurait en trop 6 fr.

Et en donnant 2 litres de 9 fr. pour 2 litres
de 6 fr., il aurait en moins 6 fr.

Donc de cette manière, le gain et la perte se
détruisent.

Pour résoudre les questions de ce genre, il
faut placer les données de cette manière :

$$4 \quad 3$$
$$6$$
$$9 \quad 2$$

et dire : la différence de 4 à 6 est 2, écrivez-la
à la droite de 9 ; la différence de 9 à 6 est 3,
écrivez-la à la droite de 4. Dites ensuite :

3 litres à 4 fr. coûtent 12 fr.

$$2 \quad - \quad 9 \quad - \quad 18$$

Donc 5 litres coûtent   30 fr.

Par conséquent 1 litre coûte $30 : 5 = 6$ fr., c'est le prix demandé.

On demande de la liqueur à 7 fr. le litre à un marchand qui n'en possède que de 5, 12, 2 et 10 fr.

Il faut écrire ces données en commençant par les prix inférieurs et mettre un peu à gauche le prix moyen demandé ; ensuite mettre les différences des prix inférieurs au prix moyen à la droite des prix supérieurs ; et les différences des prix supérieurs au prix moyen à la droite des prix inférieurs ; en opérant ainsi, vous obtiendrez :

$$2 \text{ f. } 3 + 5 = 8$$
$$5 \quad 3 + 5 = 8$$

Prix moyen 7 fr. $10 \quad 5 + 2 = 7$
$$12 \quad 5 + 2 = 7$$

Et vous direz 8 litres à 2 fr. coûtent 16 fr.

$$8 - 5 - 40$$
$$7 - 10 - 70$$
$$7 - 12 - 84$$

Donc, 30 litres coûtent   210 fr.

En conséquence, 1 litre du mélange vaut $210 : 30 = 7$ fr., c'est le prix voulu.

20.

Problèmes sur l'alliance ou les mélanges, premier cas.

1. Un marchand de vin a mêlé ensemble des vins de différentes qualités, savoir : 140 litres à 35 centimes le litre, et 85 litres à 40 cent. : quel doit être le prix du litre de ce mélange ? R. 0,37 cent.

2. On verse 5 litres d'eau dans 23 litres de vin à 75 cent. le litre : quel sera le prix d'un litre de ce mélange ? R. 0,616 ou mieux 0,62 cent.

3. Un aubergiste qui a du vin à 35 cent. le litre, du vin à 30 cent., et du vin à 45 cent., mêle ensemble 23 litres du premier, 64 litres du second, et 80 litres du troisième : combien doit-il vendre le litre du mélange ? R. 0,38 cent.

4. On a de la farine première qualité qui se vend 60 cent. le kilogramme, et de la farine troisième qualité qui se vend 28 cent. le kilogramme. On mêle 102 kilogrammes de la première à 50 kilogrammes de la troisième, et l'on fait ainsi une seconde qualité : dire à quel prix revient le kilogramme de cette seconde qualité ? R. 0,49 cent.

5. Un cultivateur a de la graine de garance de la dernière récolte, qui se vend 22 fr. 70 cent. les 100 kilogrammes, et de la graine de la récolte précédente qui ne vaut que 19 fr : il mêle 450 kilogrammes de la première avec 518 kilogrammes de la seconde : A quel prix doit-il vendre les 100 kilogrammes de ce mélange ? R. 20 fr. 72 cent.

6. On a fondu 13 kilogrammes de cuivre avec 2 kilogrammes 7 d'étain. Le kilogramme de cuivre vaut 2 fr. 50 cent., et celui d'étain 5 fr. 10 cent. : on demande le prix d'un kilogramme de cet alliage ? R 2 fr. 94 cent.

7. On fond ensemble 11 grammes d'or et 13 grammes d'argent Quel est la valeur d'un gramme de cet alliage, sachant que 5 grammes d'argent valent 1 fr. et que l'or a une valeur 15 fois et demie plus grande ? R. 1 fr. 53 cent.

8. On fait les caractères d'imprimerie en fondant ensemble 5 parties de cuivre, 20 parties d'antimoine et 80 parties de plomb : on demande ce que vaut un kilogramme de cet alliage, en supposant le cuivre à 2 fr. 50 cent., l'antimoine 1 fr. 50 et le plomb à 55 cent. le kilogr. ? R. 0,82 cent.

Exercices sur la règle de mélange,
deuxième cas

1. Un marchand de blé en a à 6 fr., à 8 fr., à 12 fr., à 15 fr. et à 18 fr. ; il veut faire un mélange de 650 mesures, mais de manière qu'en le vendant 10 fr., il ne perde ni ne gagne : combien doit-il en mettre de chaque espèce ? 1ʳᵉ R. Il doit en mettre 203 un huitième à 6 fr. et à 8 fr. ; 2ᵉ R. 81 ¼ à 12 fr., à 15 fr. et à 18 fr.

2. Un épicier a de l'huile à 0 fr. 95, 0,85, 0 fr. 75, 0 fr. 65 cent. le litre ; il voudrait les mélanger de manière à pouvoir vendre le litre 0 fr. 70 cent. ? com-

len doit-il en mettre de chaque sorte pour remplir
ne pièce contenant 240 litres ? R. 24 à 0,95, 24 à
,85, 24 à 0,75, 168 à 0,65.

3. Un détaillant demande quelle quantité d'eau il
oit mettre dans un litre de vin de 0,75 cent., pour
u'il ne lui revienne qu'à 0,60 cent. ? R. 2 décilitres.

4. On veut mêler du café à 2 fr. 40 cent. le kilogr.,
2 fr. 50 cent. et à 3 fr : combien en faut-il mettre
e chaque prix pour en avoir 850 kilogr à 2 fr. 90 c.
le kilogr. ? 1re R. 695 $\frac{5}{11}$ à 3 fr. ; 2e R. 77 $\frac{3}{11}$ à 2 fr.
0 cent ; 3e R. 77 $\frac{3}{11}$ à 2 fr. 40 cent.

5. Dans quelle proportion faut-il mêler un liquide à
25 fr. et 19 fr. l'hectolitre, pour avoir un mélange de
21 fr. ? R. 6, le double à 19 fr.

6. Quelqu'un voudrait emplir une pièce de 450 litres
avec du vin à 0 fr. 75 cent. le litre : combien doit-il
y mettre d'eau et de vin pour que le mélange ne lui
revienne qu'à 0 fr. 60 cent. ? R. 360 litres de vin 90
litres d'eau.

7. On a 150 hectolitres de blé à 30 fr. et 140 à 45 fr. :
combien faut-il en mettre de chacun pour en faire
250 hectolitres de 42 fr. ? R. 50 à 30 fr., 200 à 45 fr.

8. J'ai acheté deux pièces de vin qui coûtent ensemble 228 fr. ; la première coûte 36 fr de plus que la seconde ; elles contiennent chacune 210 litres ; je trouve
à en vendre 350 litres à raison de 0 fr. 45 cent. :
combien dois-je en mettre de chaque pièce ? R. 233
litres un tiers de la seconde, 116 deux tiers de la
première.

CARRÉS ET RACINES CARRÉES DES NOMBRES.

Le carré ou la seconde puissance d'un nombre est le produit de ce nombre multiplié par lui-même; et la racine carrée d'un nombre est le nombre qui, multiplié par lui-même, reproduit le nombre donné.

Les carrés des 10 premiers nombres sont :

1, 2, 3, 4, 5, 6, 7, 8, 9, 10.

1, 4, 9, 16, 25, 36, 49, 64, 81, 100.

La racine carrée d'un nombre repose sur la décomposition du carré d'un nombre composé de dizaines et d'unités en trois parties, savoir :

1° Le carré des dizaines ; 2° le double produit des dizaines par les unités ; 3° le carré des unités

Pour démontrer ce principe, soit le nombre 45. On peut l'écrire en séparant les dizaines des unités, ce qui donne $45 = 40 + 5$. Et d'après la définition du carré, on aura :

$$(45)^2 \text{ ou } 45 \times 45 = (40 + 5) \times (40 + 5).$$

Pour effectuer ce produit, il faut répéter le multiplicande autant de fois qu'il y a d'unités dans le multiplicateur, c'est-à-dire 5 fois plus 40 fois.

$$40 + 5$$
$$40 + 5$$

Or 5 fois $40 + 5$ donne $40 \times 5 + 5$, et 40 fois $40 + 5$ donne $40^2 + 40 \times 5$ ajoutant ces deux produits partiels on a $(40^2 + 2 \times 40 \times 5 + 5^2)$ $= 40^2 + (2 \times 40 + 5) \times 5$.

Si l'on représente par d les dizaines et par u les unités, on aura la formule $d^2 + 2 d u + u^2$ $= d^2 + (2 d + u) \times u$.

L'expression $(2 d + u) \times u$ sert à trouver le plus simplement possible les deux dernières parties du carré.

Soit à extraire la racine carrée de 2025. Ce nombre étant plus grand que 100, dont la racine est 10, comprend les dizaines et les unités ; d'un autre côté, comme il est plus petit que 10000, dont la racine est 100, il s'en suit que la racine de 2025 ne comprend que des dizaines et des unités. Donc ce nombre contient le carré des dizaines cherchées, et le double des dizaines par les unités et le carré des unités. Comme des dizaines élevées au carré ne peuvent donner moins que des centaines, le carré des dizaines ne peut faire partie des deux derniers chiffres à droite du nombre 2025, c'est pour cette raison qu'on les sépare par un point. Extrayant la racine carrée de 20, on aura le chiffre des dizaines cherchées; or le plus grand carré contenu dans 20 est 16, dont la racine est 4.

Disposition du calcul.

```
Carré   20.25 | 45 racine.
          16  | 85 = le double  des  dizaines  plus
1er R.   42.5      les unités = 2 d + u
         42.5   5 = les unités = u
2e R.   00 0 425 = (2 d + u) × u,
```

Retranchant 16 de 20, il reste 4, à côté de ce reste, abaissez la tranche suivante 25, ce qui donne 425, ce nombre ne contient plus que le double des dizaines par les unités et le carré des unités. Or, quand on connaît le produit de deux facteurs et l'un d'eux, il est facile de trouver l'autre facteur : donc en doublant les dizaines ou 4 on aura 8, et comme le produit des dizaines par des unités ne peut donner que des dizaines, séparez le chiffre 5 du reste 425, et divisez 42 par 8; mettez le quotient 5 à la racine et à la droite de 8 qui est le double des dizaines, ensuite multipliez 85 par 5 ; de cette manière vous obtiendrez :

1° 5 × 5 ou 25 pour le carré des unités ;

2° 80 × 5 ou 400 pour le double des dizaines par les unités, ce qui donne 425.

Si le produit de 45 × 45 $=$ 2025, la racine est exacte.

REMARQUE. *Le chiffre mis à la racine n'est pas trop fort quand on peut retrancher du reste les deux dernières parties du carré ; il n'est pas trop faible quand le reste est plus petit que le double des chiffres mis à la racine plus un.*

En effet, soit un nombre quelconque 45, en l'augmentant de 1 on aura le carré de 46, en faisant le produit de $(45 + 1) \times (45 + 1)$, ce qui donne, en opérant comme précédemment, $45^2 + 2 \times 45 + 1$, ou en se servant de la formule : $d^2 + 2 d + 1$.

Pour extraire la racine carrée d'une frac-tion, il faut la changer en décimales et opérer comme précédemment. Le nombre des décimales doit être double de celui que l'on veut avoir à la racine; car la racine élevée au carré doit avoir le double des décimales.

Soit demandé la racine carrée de $\frac{1}{4}$ jusqu'aux dix millièmes.

On aura $\frac{1}{4} = 0,5$; pour avoir **4** décimales à la racine, il en faut 8 au carré; on aura donc à extraire la racine carrée suivante :

Disposition du calcul.

Carré   0.50.00.00.00 | 0.7071 Racine.
            49 | 14 1re opération.
1er reste   1 00 00 | 1407 2e opération.
              98 49 | 7
2e reste   1 510 0 | 9849
              1 414 1 | 14141 3e opération.
Dernier reste   95 9

Partagez la partie décimale en tranches de 2 chiffres; la racine contenue dans le plus grand carré de 50 est 7 pour 49, 50 — 49 = 1; à côté de ce reste, abaissez la tranche suivante, vous aurez 100; séparez le dernier chiffre, le nombre 10 ne contient pas le double de la racine qui est 14, mettez 0 à la racine, abaissez la tranche suivante, vous aurez 10000; séparez le dernier chiffre et divisez 1000 par 140, vous aurez 7 encore, mettez ce chiffre à la racine et à la droite de 140; multipliez 1407 par 7 et retranchez le produit 9849 de 10000; à côté du reste 151, abaissez la dernière tranche, divisez 1510.0 par le double de 707 = 1414, mettez le quotient 1 à la racine et à la droite de 1414, enfin retranchez ce dernier nombre de 15100.

Au carré de 0,7071, ajoutez le dernier reste 059, et vous obtiendrez 0,5 : c'est la preuve.

RÈGLE. Partagez le nombre donné en tranches de deux chiffres, en allant de droite à gauche; extrayez la racine carrée du plus grand carré contenu dans la première tranche à gauche : ce sera le premier chiffre de la racine; retranchez le carré trouvé de cette tranche; à la droite du reste, écrivez la tranche suivante; divisez ce reste, ainsi augmenté, par le double de la racine qui exprime des dixaines; le quotient sera le chiffre des unités de la ra-

*eine ; au-dessous du double des dizaines, écri-
rez les unités ; multipliez la somme de ces deux
nombres par les unités, retranchez le produit
obtenu du reste ; à la droite de ce nouveau
reste, écrivez la tranche suivante ; en continuant, vous trouverez le troisième chiffre de
la racine et les suivants, comme vous avez
trouvé le second.*

REMARQUE. Le double des dizaines étant terminé par un zéro, on écrit le chiffre des unités
à la place du zéro qui, dans ce cas, est sous-
entendu.

Problèmes.

1° Un propriétaire trouve à changer son jardin, qui
a 72 mètres de longueur, sur 36 de largeur, pour un
autre équivalent, parfaitement carré ; quel est le côté
de ce carré ?

Puisque la surface du premier jardin est de 72×36
$= 2592$ mètres carrés ; le second aura pour côté la
racine carrée de 2592, ce qui donne 50^m,912.

2° La somme que j'ai étant multipliée par elle-même,
surpasse 613 de 12 ; quelle est cette somme ?

$613 + 12 = 625$, qui est le produit de la somme
multipliée par elle-même, et comme ce produit est le
carré de la somme que j'ai, la somme demandée est la
racine carrée de 625 qui est de 25 fr.

3° Un jardin parfaitement carré a 80 mètres sur chaque côté, combien les côtés d'un jardin 5 fois plus grand, et parfaitement carré, ont-ils de mètres?

La surface du premier jardin est de 80 $\times$ 80 = 6400 mètres carrés; le second étant 5 fois plus grand aura 6400 $\times$ 5 = 32000 mètres carrés, par conséquent les côtés du grand jardin ont pour longueur la racine carrée de 32000, qui est de 178m,885.

CUBES ET RACINES CUBIQUES DES NOMBRES.

Le cube ou la troisième puissance d'un nombre, est le produit de ce nombre par son carré, et la racine cubique d'un nombre est le nombre qui, multiplié par son carré, reproduit le nombre donné.

Les cubes des 10 premiers nombres sont :

1, 2, 3, 4, 5, 6, 7, 8, 9, 10,
1, 8, 27, 64, 125, 216, 343, 512, 729, 1000.

La racine cubique d'un nombre repose sur la décomposition du cube d'un nombre composé de dizaines et d'unités en quatre parties, savoir : *1° le cube des dizaines; 2° trois fois le produit du carré des dizaines par les unités ; 3° trois fois les dizaines par le carré des unités ; 4° le cube des unités.*

Pour démontrer ce principe, soit le nombre 45 ; on peut l'écrire en le décomposant en dizaines et en unités, ce qui donne $45 = 40 + 5$. On a vu que $(40 + 5) \times (40 + 5) = 40^2 + 2 \times 40 \times 5 + 5^2$; pour avoir le cube de $(40 + 5)$, il faut répéter son carré autant de fois qu'il y a d'unités dans $40 + 5$, on aura donc à multiplier :

$$40^2 + 2 \times 40 \times 5 + 5^2$$
$$\text{par} \qquad 40 + 5$$

en multipliant par 5 on obtient :

$$40^2 \times 5 + 2 \times 40 \times 5^2 + 5^3$$

en multipliant par 40 on a :

$$40^3 + 2 \times 40^2 \times 5 + 40 \times 5^2$$

ajoutant ces produits partiels on obtient :

$$(40^3 + 3 \times 40^2 \times 5 + 3 \times 40 \times 5^2 + 5^3)$$

ou $40^3 + (3 \times 40^2 + 3 \times 40 \times 5 + 5) \times 5$.

Si l'on représente les dizaines par d et les unités par u, on aura la formule $(d^3 + 3 d^2 u + 3 du^2 + u^3) = d^3 + (3 d^2 + 3 du + u^2) \times u$. L'expression $(3 d^2 + 3 du + u^2) \times u$, sert à

trouver le plus simplement possible les trois dernières parties du cube.

Soit à extraire la racine cubique de 91125.
Ce nombre étant plus grand que 1000 et plus
petit que 1000000, ne contient que des dizaines
et des unités. Or, le cube des dizaines ne peut
faire partie des trois chiffres à droite, c'est pour
cela qu'on les sépare; ensuite le plus grand
cube contenu dans 91 est 64, dont la racine
est 4.

Disposition du calcul.

Cube	91 125	45 racine.
	64	4800 = le triple carré des dizaines.
1er reste	27 125	600 = trois fois les dizaines par
	27 125	les unités.
2e reste	00 000	25 = le carré des unités.
		5425
		5 = les unités.
		27125 = $(3d^2 + 3du + u^2) \times u.$

Retranchez 64 de 91, à côté du reste 27
abaissez la tranche 125, ce qui donne 27125, ce
nombre ne contient plus que le triple carré des
dizaines par les unités, trois fois les dizaines par
le carré des unités et le cube des unités.

Or, quand on connaît le produit de deux facteurs et l'un d'eux, il est facile de trouver l'autre facteur; donc si l'on divise 27125 par le triple carré des dizaines qui est égal à $3 \times 40 = 4800$, on trouvera 5 pour le chiffre des unités; mettez ce chiffre à la racine, ensuite placez, au-dessous de 4800, 600 qui est le triple des dizaines par les unités et 25 qui est le carré des unités; pour compléter les trois dernières parties du cube, multipliez par 5 la somme des trois nombres $480 + 600 + 25$: c'est ce qu'indique la formule $(3 d^2 + 3 du + u^2) \times u$. Le résultat ne laissant pas de reste, 45 est la racine cubique exacte de 91125.

REMARQUE. *Le chiffre mis à la racine n'es pas trop fort quand on peut retrancher du reste les trois dernières parties du cube; il n'est pas trop faible, quand le reste est plus petit que 3 fois le carré des dizaines plus 3 fois les dizaines plus un.*

En effet, $45 + 1$, élevé au cube, donne $45^3 + 3 \times 45^2 + 3 \times 45 + 1$. Ou, en se servant de la formule $(d + 1)^3 = d^3 + 3 \cdot d^2 + 3 d + 1$.

Pour extraire la racine cubique d'une frac-

tion, il faut la changer en décimales et opérer comme précédemment. Le nombre des décimales doit être triple de celui que l'on veut avoir à la racine; car la racine élevée au cube doit avoir le triple des décimales.

Soit demandé la racine cubique de 1/2 jusqu'aux millièmes, on aura 1/2 =: 0,5; pour avoir 3 décimales à la racine, il en faut 9 au cube, on aura donc l'opération suivante :

Disposition du calcul.

Cube 0,500.000.000	0.793 Racine.
343	0,14700 triple carré des dizaines 70)
1er reste 157000	1890 triple des dizaines par les
150030	unités 0.
2e reste 6061000	81 carré des unités 0.
5638257	16671 somme.
3e reste 1322743	9 unités.
	150030 produit.

Ce troisième reste est plus petit que (793)*, donc la racine est bonne; s'il était plus grand, il faudrait ajouter 3 × 793 + 1 pour dernière vérification.

1872300	triple carré des dizaines 700.
7110	triple des dizaines par les unités 3.
9	carré des unités 3.
1879410	somme.
3	unités.
5638257	produit.

Le plus grand cube contenu dans 500 est 343 dont la racine 7, 500 — 343 == 157 ; à côté de ce reste, abaissez la tranche suivante, vous aurez 157000 ; divisez ce nombre par le triple carré de 0,70, c'est-à-dire par 14700 ; écrivez le quotient 9 à la racine, et pour compléter les trois parties du cube, écrivez au-dessous de 14700, 3 fois les dizaines par les unités et le carré des unités ; ces trois résultats étant ajoutés et multipliés par 0, retranchez le produit de 157000 ; à côté du reste 6961, abaissez la dernière tranche et divisez ce reste par le triple carré de 790, c'est-à-dire par 1872300 ; écrivez le quotient 3 à la racine, et pour compléter les trois parties du cube, écrivez au-dessous de 1872300 le triple des dizaines 790 par les unités 3 et le carré des unités 3 ; ces trois résultats multipliés par 3 et retranchés du deuxième reste donnent pour troisième reste 1322743. Ce dernier nombre ajouté au cube de 0,793 donne 0,5 : c'est la preuve.

Tous ces calculs reposent sur la formule $d^3 + (3\,d^2 + 3\,d + u) \times u$, qu'il ne faut pas oublier.

RÈGLE. *Partagez le nombre donné en tranches de trois chiffres, en allant de droite à gauche ; extrayez la racine cubique du plus grand cube contenu dans la première tranche à gauche : ce sera le premier chiffre de la racine ; retranchez le cube trouvé de cette tranche ; à la droite du reste, écrivez la tran-*

che suivante; divisez ce reste, ainsi augmenté, par le triple carré de la racine, qui exprimera des centaines; le quotient sera le chiffre des unités de la racine; au-dessous du triple carré des dizaines, écrivez le triple des dizaines par le carré des unités et le carré des unités; multipliez la somme de ces trois nombres par les unités; retranchez le produit obtenu du reste; écrivez à la droite de ce nouveau reste la tranche suivante; en continuant, vous trouverez le troisième chiffre de la racine et les suivants, comme vous avez trouvé le second.

Problèmes.

1° On veut construire un bassin qui puisse contenir 3000 mètres cubes d'eau : quelle longueur doit-il avoir, sachant que sa profondeur sera de 3 mètres, et sa largeur de 10 mètres ?

Les 3000 mètres cubes contiennent les trois dimensions du bassin que l'on doit construire : donc, en divisant les 3000 mètres par le produit des deux dimensions données, on aura la troisième, ce qui donne $\frac{3000}{3 \times 10} = 100$ mètres pour la longueur demandée.

2° On veut construire un bassin de la forme cubique,

contienne 3000 mètres cubes; quelles sont les
ensions de ce cube ?

racine cubique de 3000 donne $14^m,4226$ pour
cune des trois dimensions du cube.

° Képler a trouvé que les carrés du temps des révo-
ions des planètes autour du soleil sont proportion-
ls aux cubes des moyennes distances. La terre est à
millions de lieues du soleil. elle fait sa révolution
365 j. 25637, Vénus fait sa révolution en 224 j.
08; on demande sa distance du soleil ?
D'après la loi de Képler, on a la proportion :
$(65,25637)^2 : (224,7008)^2 :: (38000000) : x^3$
Ce qui donne en nombre rond 27500000 lieues pour
distance moyenne de Vénus au soleil.

Nous terminons en donnant une idée des lo-
arithmes et le moyen de s'en servir.

*Les logarithmes sont des nombres en pro-
gression par différence, qui correspondent
terme à terme à une pareille suite de nombres
en progression par quotient.*

*On nomme progression par différence, une
suite de termes dont chacun surpasse de la
même quantité celui qui le suit, ou qui le précède. D'après cette définition, les nombres écrits
de cette manière : 0. 1. 2. 3. 4. 5. 6. 7. 8. etc.,
forment une progression par différence.*

La progression par quotient est une suite de termes dont chacun contient celui qui le suit ou qui le précède, le même nombre de fois. Ainsi, les nombres écrits de cette manière : : 1 : 10 : 100 : 1000 : etc., forment une progression par quotient.

Cette dernière progression peut s'écrire ainsi qu'il suit :

$$\div 1^0 : 10^1 : 10^2 : 10^3 : 10^4 : 10^5 : 10^6 :$$
$$10^7 : 10^8 : 10^9 : \text{etc.}$$

On voit que 0 est le logarithme de 1, 1 est le logarithme de 10, 2 le logarithme de 100, 3 celui de 1000, ainsi de suite.

De ce qui précède on en tire les conclusions suivantes :

1° *Le logarithme a autant d'unités qu'il y a de chiffres moins un dans le nombre qui lui correspond ; comme le chiffre des unités indique l'ordre de numération dans lequel se trouve le nombre correspondant, on l'appelle la caractéristique du logarithme.*

2° *Le produit de deux nombres répond à la*

somme de leurs logarithmes. En effet $100 \times 1000 = 100000$; et log. de $100 = 2$, log. de $1000 = 3$; log. $100000 = 5$: donc log. 100×1000 ou log. $10^2 \times 10^3 = 2 + 3 = 5$.

3° *Le quotient de deux nombres répond à la différence de leurs logarithmes;* car on a $1000 : 100 = 10$: et log. $1000 = 3$, log. $100 = 2$, log. $10 = 1$. Donc log. $1000 : 100$, ou log. $10^3 : 10^2 = 3 - 2 = 1$.

4° *La puissance d'un nombre répond au produit du logarithme de ce nombre par le degré de cette puissance.* En effet 10^2 élevé à la troisième puissance est égal à $10^2 \times 10^2 + 10^2 = 100 \times 100 \times 100 = 1000000$; or le logarithme de 1000000 ou log. $(10^2)^3 = 2 \times 3 = 6$.

5° *Enfin la racine d'un nombre répond au quotient de son logarithme divisé par le degré de cette racine;* car la racine cubique de $1000000 = 100$; mais log. de $1000000 = 6$ et le degré de la racine est 3; on a donc log. 1000000 divisé par 3 ou log. $10^2 = 6 : 3 = 2$ qui est le logarithme de 100.

Pour avoir les logarithmes des nombres intermédiaires, on a inséré entre 1 et 10, 10 et 100, 100 et 1000, etc., un grand nombre de termes ou progressions par quotient; et l'on a inséré un égal nombre de termes ou progressions par différence entre 0 et 1, 1 et 2, 2 et 3, etc. En opérant ainsi on a trouvé pour le logarithme de 2, 0,301030; pour celui de 3, 0,477121; pour celui de 4, 0,602060;... c'est-à-dire que 10 élevé à la puissance 0,301030 égale 2; élevé à la puissance 0,477121 = 3; etc.

Si l'on fait subir à la caractéristique d'un logarithme une variation à volonté, les chiffres qui répondent à ce logarithme seront toujours les mêmes; ils se trouveront seulement multipliés ou divisés par autant de fois 10, qu'on aura ajouté ou retranché d'unités à la caractéristique. Dans le cas où on ne pourrait pas diminuer la caractéristique d'une unité, on l'augmente de 10, et pour compenser cette erreur, à la fin des opérations, on diminue la caractéristique de 10 unités.

D'après cela on aura :

$$\text{Log. } 178200 = 5{,}250908$$
$$\text{Log. } 17820 = 4{,}250908$$

Log. 1782   = 3.250908

Log. 178,2   = 2.250908

Log. 17,82   = 1.250908

Log. 1,782   = 0.250908

Log. 0,1782   = 0.250908

Log. 0,01782   = 8.250908

Log. 0,001782   = 7 250908

Log. 0,0001782   = 6.250908

Log. 0,00001782   = 5.250908

Veut-on diviser 0,001782 par 2546, on aura:

Log. 0,001782 = 7,250908

Log. 2546   = 3.405858

Différence   3.845050

Le nombre qui répond à ce logarithme est à peu près 7000.

Mais il faut diminuer la caractéristique de 10 unités; ainsi au lieu de 7000 on aura pour nombre cherché 0,0000007, résultat où le 7, étant reculé de 10 rangs, exprime des dix-millionièmes au lieu d'exprimer des mille.

Veut-on diviser 2546 par 0,001782, on aura:

Log. 2546   = 3 405858.

Log. 0,001782 = 7.250908.

Différence   6.154950.

En opérant ainsi, on a augmenté les deux caractéristiques de 10 unités; en conséquence la différence est la même.

Pour trouver le logarithme des nombres un peu grands, celui de 3051684, par exemple, on décompose ce nombre en celui-ci : 3051,684 ce qui donne pour le log. de 3052   3.484584 pour le log.   3051   3.484442

et pour différence   1   0.000142

Il est évident que le logarithme de 3051,684 est compris entre les deux précédents; car si pour une unité on a 0,000142 de différence, on trouvera ce qu'il faut pour 0,684 par cette proportion :

$$1 : 0,684 :: 0.000142 : x$$

ce qui donne 0,000097; cette valeur étant ajoutée au logarithme de 3051 donne 3.484539 pour le logarithme de 3051,684; par conséquent le logarithme de 3051684 = 6.484539.

Soit demandé à quel nombre répond le logarithme 5.305172.

On trouve que le log. 3.365301 répond au

nombre   2319

que le log.   3.365113

répond au nombre   2318
                                 ___________   _____

Différence   0.000188   1

Et comme le logarithme donné, abstraction faite de la caractéristique, est 3 365172 et que 3 365172 — 3.365113 = 0.000059.

La proportion 0,000188 : 0,000059 :: 1 : x

Donne la partie décimale 0,314, qu'il faut ajouter au nombre 2318; donc 3.365172 est le logarithme de 2318,314; donc enfin 5.365172 est le logarithme de 231831,4.

Soit demandé le quatrième terme de cette proposition :

$$341 : 438 :: 5797 : x$$

On aura log. de 5797 = 3.763203
            log. de 438 = 2.611474
                            ____

somme   6.404677
retranchant le log. de 341 2.532754
                            ____

On obtient   3.871923

qui est le logarithme de 7446, nombre cherché.

Pour abréger, on ajoute aux logarithmes des

*deux moyens de la proportion le complément
arithmétique du logarithme de l'extrême connu,
et la somme de ces trois nombres, diminuée de
10 à la caractéristique, donne le même résultat : cela doit être; car on ne doit retrancher
que le logarithme de l'extrême connu, et comme,
à ce logarithme, on a ajouté son complément
arithmétique, il y a donc 10 unités de trop,
par conséquent il faut les retrancher.*

Voici l'opération :

$$\text{Log. de } 5707 = 3.763203$$
$$\text{Log. de } 438 = 2.641474$$

Complément arithmétique
du log. de $341 = 7.467246$

Somme 3.671023

Comme on le voit, cette opération est plus
simple que la précédente; car il est aussi facile
d'écrire le complément du logarithme que le
logarithme lui-même, puisqu'il s'obtient à vue en
écrivant de droite à gauche successivement le
chiffre qui fait 9 avec chaque chiffre du logarithme dont il s'agit, excepté le dernier avec
lequel il doit faire 10. L'opération suivante met
en évidence ce raisonnement.

$$\text{log. de } 341 = 2.532754$$
$$\text{Son complément} = 7.467246$$
$$\text{Leur somme} = 10.000000$$

Pour ajouter ce qui manque aux intérêts composés, nous allons d'abord répondre à cette question : *Au bout de combien de temps une somme placée à 5, 6, 7, 8, 9, 10 pour 100 serait-elle doublée ?*

Pour la solution de cette question il faut faire les opérations suivantes :

$$2 = (1,05)x; \quad \log. 2 = \log. 1,05 \times x; \quad x = \frac{\log. 2}{\log. 1,05}; \quad x = \frac{301030}{211189} = 14^{\text{ans}},2069.$$

$$2 = (1,06)x; \quad \log. 2 = \log. 1,06 \times x; \quad x = \frac{\log. 2}{\log. 1,06}; \quad x = \frac{301030}{25306} = 11,8956.$$

$$2 = (1,07)x; \quad \log. 2 = \log. 1,07 \times x; \quad x = \frac{\log. 2}{\log. 1,07}; \quad x = \frac{301030}{29317} = 10,2447.$$

$$2 = (1,08)x; \quad \log. 2 = \log. 1,08 \times x; \quad x = \frac{\log. 2}{\log. 1,08}; \quad x = \frac{301030}{33424} = 9,0064.$$

$$2 = (1,09)x; \quad \log. 2 = \log. 1,09 \times x; \quad x = \frac{\log. 2}{\log. 1,09}; \quad x = \frac{301030}{37426} = 8,0433.$$

$$2 = (1,10)x; \quad \log. 2 = \log. 1,10 \times x; \quad x = \frac{\log. 2}{\log. 1,10}; \quad x = \frac{301030}{41393} = 7,2725.$$

En posant $3 = (1,05)x$, $4 = (1,05)x$, etc., on trouverait le temps qu'il faudrait pour que le capital fût triplé, quadruplé, etc.

Nous terminons par les quatre formules qui donnent les moyens de résoudre promptement toutes les questions relatives aux intérêts composés.

Pour simplifier, représentons par V la valeur d'un capital, au bout d'un certain temps, à un taux quelconque; par C le capital; par I 1 fr. avec son intérêt au bout d'un an; enfin représentons par T le temps.

La valeur sera donnée par $\log. V = \log. C + T \times \log. I.$
Le capital — par $\log. C = \log. V - T \times \log. I.$
L'intérêt — par $\log. I = \dfrac{\log. V - \log. C}{T}$
Le temps — par $\log T = \dfrac{\log. V - \log. C}{I}$

1° *La valeur. Quelle serait la valeur de 27842 fr. à 5 % intérêts composés, au bout de 12 ans?*

Mettant les valeurs dans la formule $\log. V = \log. C + T \times \log. I.$

On obtiendra : $\log. V = \log. 27842 + 12 \times \log. 1,05$
$$\log. V = 4,441702 + 12 \times 0,021189$$

= 4.444702 + 0,254268 = 4.698970, qui est le logarithme de 50000 fr.

2° *Le capital. Quel capital faudrait-il placer à 5 °/₀ intérêts composés, pour avoir 50000 fr. au bout de 12 ans ?*

Mettant les valeurs dans la formule log. C = log. V − T × log. I.

On obtient log. C = log. 50000 − 12 × log. 1,05 = 4.698970 − 12 × 0,021189 = 4,698970 − 0.254268.

Enfin log. C = 4.444702 qui est le logarithme de 27842 francs.

3° *L'Intérêt. A quel intérêt composé faut-il placer 27842 fr. pour avoir 50000 fr. au bout de 12 ans.*

Mettant les valeurs dans la formule $\log. I = \dfrac{\log. V. - \log. C.}{T}$ On a $\log. I = \dfrac{\log. 50000 - \log. 27842}{12}$

$= \dfrac{4.698970 - 4.444702}{12} = \dfrac{0.254268}{12}$;

Enfin log. I = 0.021189, qui est le log. de 1,05.

4° *Le temps. Pendant combien de temps faut-il placer 27842 fr. à 5 °/₀ intérêts composés, pour avoir 50000 fr.*

Mettant les valeurs dans la formule $T = \dfrac{\log. V. - \log. C}{\log. I}$

On a $T = \dfrac{\log. 50000 - \log. 27542}{\log. 1{,}03} = \dfrac{4.691970 - 4.333702}{0{,}0311189}$

$= \dfrac{0{,}254268}{0{,}0311189} = 12$ ans.

Toutes ces opérations sont très-simples et abrégent considérablement les calculs que l'on ne pourrait faire sans le secours des logarithmes.

FORMULES

de promesses, quittances, lettres et mémoires.

Promesse.

Je soussigné N... reconnais devoir et promets payer à M. N..., dans huit mois, la somme de trois cents francs, et ce, pour pareille somme qu'il m'a prêtée.

Fait à Paris, le dix juin mil huit cent dix-huit.

Signature,

Autre promesse.

Je certifie avoir la somme de six cents francs appartenant à Mᵐᵉ N..., qu'elle m'a prié de lui garder, en reconnoissance de quoi, et pour sa sûreté, je lui ai donné ce reçu : lequel me rapportant je lui rendrai ladite somme.

Fait à Périgueux, le cinq juin mil huit cent trente-et-un.

Signature,

Billet portant intérêt.

Au trente décembre mil huit cent quarante-quatre, je promets de payer à M...., demeurant à..., la somme de mille francs, productive d'intérêts à raison de 6 pour cent, valeur reçue dudit en espèces.

Lyon, le quinze janvier mil huit cent quarante-quatre.

Signature,

Billet solidaire.

Il y a solidarité de la part des débiteurs lorsqu'ils sont obligés à une même chose, de manière que chacun puisse être contraint pour la

totalité, et que le paiement fait par un seul
libère les autres envers le créancier. Il faut que
la solidarité soit expressément exprimée.

Formule d'un billet solidaire.

Nous soussignés, Adrien Giraud, ébéniste,
demeurant à Paris, rue Saint-Antoine, 25, et
Alphonse Tourasse, serrurier, demeurant à Paris,
rue du Bac, 43, reconnaissons devoir conjointe-
ment et promettons payer solidairement, un seul
pour le tout, à M. Antoine, négociant, demeurant
à Rambouillet, la somme de trois mille huit
cents francs, dans un an à partir de ce jour,
valeur reçue en marchandises.

Rambouillet, le premier janvier mil huit cent
quarante-quatre.

Signatures,

Promesse pour reste de somme due.

Je reconnais devoir à M. de V... la somme de
quinze cents francs, restante de celle de trois
mille francs, qu'il m'avait prêtée ; laquelle somme

je promets lui payer dans l'espace de huit mois.

Bangé, onze juin mil huit cent cinquante.

Signature,

Reconnaissance portant promesse de passer contrat d'une somme empruntée.

Je reconnais que M. N... m'a présentement prêté la somme de cinq mille francs pour employer à mes affaires; laquelle somme de cinq mille francs, je lui promets passer contrat à sa volonté et cependant lui en payer l'intérêt dès ce jour.

Angers, dix novembre mil huit cent trente-cinq.

Signature,

Quittance d'une somme payée pour grains.

Je reconnais avoir reçu de N... la somme de douze cents francs, de laquelle je suis convenu avec lui pour tous les grains, tant blé, froment, qu'orge et avoine, qu'il me doit du reste des années passées jusqu'à ce jour.

Saumur, le vingt août mil huit cent cinquante.

Signature,

Quittance d'un ouvrier.

Je soussigné, N..., reconnais avoir reçu de N.... la somme de vingt-huit francs, pour avoir travaillé pendant huit jours chez lui, à raison de trois francs cinquante centimes par jour, de laquelle somme j'étais convenu avec lui.

Segré, le huit septembre mil huit cent cinquante-sept.

Signature,

Quittance pour les arrérages d'une rente.

Je soussigné, reconnais avoir reçu de M. N..., la somme de trois cent cinquante francs, pour une année d'arrérages de la rente d'un capital de sept mille francs qu'il me doit, échue le quatre avril dernier.

Lion-d'Angers, cinq novembre mil huit cent trente.

Signature,

Quittance d'intérêts.

Je soussigné, reconnais avoir reçu de M. N...
la somme de soixante-dix francs, pour intérêt
d'un capital de quatorze cents francs que je lui
avais prêté pour une année, et qu'il m'a remis
aussi ce jour

Angers, trente-et-un décembre mil huit cent
quarante.

Signature,

Quittance d'une pension qui se paie
à trois mois.

Je reconnais avoir reçu de M. B... la somme
de cent francs pour un trimestre commencé de
ce jour, de la pension alimentaire de son fils.

Paimbœuf, ce 26 mai mil huit cent trente-
quatre.

Signature,

Quittance du loyer d'une maison.

Je reconnais avoir reçu de M. E..., la somme
de quatre cents francs pour une année de loyer

de la maison qu'il occupe, année échue aujourd'hui.

Angers, le 1er mai mil huit cent cinquante.

Signature,

Reconnaissance de dette

Je soussigné, déclare que j'ai emprunté de C.. la somme de trois cents francs, que je m'engage à lui remettre dans deux ans à pareille époque; je lui en paierai les intérêts à chaque fin d'année, en son domicile, à raison de 5 pour 100.

Mûrs, trois janvier mil huit cent trente-deux.

Signature,

Billets à ordre.

Au premier juin de l'année courante, je paierai à M. R..., orfèvre à Angers, la somme de deux cent trente-six francs, valeur reçue comptant.

Lion-d'Angers, deux juillet mil huit cent cinquante.

Signature,

Autre.

Au premier janvier mil huit cen· soixante-
trois, je paieral à M. L..., ou à son ordre, la
somme de onze cents francs, valeur reçue en
marchandises.

Périgueux, le sept avril mil huit cent cinquante-
deux.

Signature,

Mandat.

A présentation, je vous prie de payer contre
le présent mandat, à l'ordre M. G... la somme
de deux cents francs, valeur reçue comptant, que
vous passerez en compte sans autre avis.

Baugé, le deux décembre mil huit cent quarante.

Signature,

Traite.

A vue, veuillez payer pour solde à l'ordre de
M. E..., la somme de deux mille francs que vous
passerez en compte.

Lyon, le six mai mil huit cent cinquante-huit.

Signature,

22.

Lettre de change.

Au vingt janvier courant, il vous plaira de payer à M. M..., ou à son ordre, la somme de trois mille francs, valeur reçue comptant, que vous passerez en compte, suivant avis.

Saumur, le huit septembre mil huit cent cinquante-sept.

Signature,

Brevet d'apprentissage.

Le soussigné Louis Badon, demeurant au Louroux, reconnaît, pour le profit de l'avancement de N..., son fils, âgé de dix-huit ans, l'avoir mis en apprentissage pour deux années consécutives, chez le sieur N..., sculpteur, bourgeois de Rennes, y demeurant, à ce présent et acceptant, qui l'a pris et retenu pour son apprenti pendant ledit temps, il a promis et promet montrer et enseigner sondit art de sculpteur autant qu'il lui sera possible, et en outre le nourrir à sa table, lui fournir feu, lit, gîte et lumière, le traiter doucement et humainement,

comme il appartient, pendant ledit temps, à
charge par son père de l'entretenir d'habits,
linge et chaussure, aussi pendant ledit temps;
en faveur et considération duquel apprentissage
les parties sont convenues et accordées ensemble
à la somme de cinq cents francs, sur laquelle
ledit preneur a déclaré avoir reçu celle de cent
francs comptant, dont quittance, et le surplus
montant à quatre cents francs, ledit bailleur a
promis et s'oblige de donner et payer audit preneur en deux paiements, le premier de la somme
de deux cents francs en un an, et l'autre pareil
restant à payer de ladite somme de deux cents
francs dans l'année suivante, le premier jour du
mois de mai. A ce faire, étant présent ledit N...,
apprenti, qui a promis servir ledit sieur sculpteur, et faire toutes choses licites et honnêtes
qu'il lui commandera, lui obéir fidèlement, faire
son profit, éviter son dommage, l'en avertir s'il
vient à sa connaissance, sans s'absenter ni aller
ailleurs servir pendant ledit temps; et en cas de
fuite ou absence, ledit bailleur son père promet
le chercher, faire chercher et le ramener s'il le
peut trouver, pour parachever le temps qui

pourra lui rester de sondit apprentissage ; et de plus son père l'a certifié de toute loyauté et fidélité, car ainsi a été accordé et convenu entre les parties, en présence de   obli-
gent, etc.

Fait à Rennes, le vingt-huit mai mil huit cent trente-six.

BADON, N.

Doit M. LEGEAY LOUIS, propriétaire en cette ville,
à TROTOIN, ébéniste.

1858.				fr.	c.
Avril.	11	Une commode en noyer, à quarante-cinq francs, ci.		45	»
	20	Une grande table ronde en bois d'acajou, à cin-quante-cinq francs cinquante centimes, ci......		55	50
Juin.	5	Une armoire en sapin, pour trente-six francs quatre-vingts centimes, ci......................		36	80
	19	Deux bois de lits en noyer, à quarante fr. l'un, ci..		80	»
Juillet.	1	Un secrétaire en acajou, avec marbre, à cent cin-quante francs quatre-vingts centimes, ci.......		150	80
	10	Une commode, idem, idem, à cent vingt francs, ci.		120	»
Septembre	2	Une table à jeu garnie de drap vert, à vingt-huit francs soixante-cinq centimes, ci.............		28	65
Octobre.	2	Une table de toilette en noyer, pour vingt francs, ci.		20	»
		TOTAL............		536	75

Le présent mémoire s'élève à la somme de cinq cent trente-six francs soixante-quinze centimes.

Paris, le 15 décembre 1858.

ÉLÉMENTS DE GÉOMÉTRIE.

Pour mesurer les longueurs, les surfaces et les volumes, il faut savoir la géométrie : en conséquence nous allons en donner une idée. Nous tâcherons de nous faire comprendre sans entrer, autant que possible, dans les démonstrations rigoureuses ; car autrement il faudrait un traité complet de cette science.

La géométrie est la science de l'étendue.

Les corps ont trois dimensions : la longueur, la largeur et la hauteur ; celle-ci se nomme aussi l'épaisseur ou la profondeur.

Les surfaces ont deux dimensions : la longueur et la largeur ; elles sont les limites des corps.

Les lignes n'ont qu'une dimension : la longueur ; elles sont les limites des surfaces.

Enfin le point n'a aucune dimension ; il est la limite de la ligne.

Des lignes.

Une ligne est la trace d'un point dans l'espace.

Fig. 1. La ligne droite est le plus court chemin d'un point à un autre.

Fig. 2. La ligne brisée est composée de plusieurs lignes droites.

Fig. 3. La ligne courbe n'est ni droite ni brisée.

Fig. 4. La ligne mixte est composée de parties droites et de parties courbes.

Fig. 5. La ligne verticale est celle qui suit la direction du fil à plomb.

Fig. 6. La ligne horizontale est celle qui est parallèle à l'horizon.

Fig. 7. La ligne oblique n'est ni verticale ni horizontale.

Fig. 8. Une ligne ac est perpendiculaire sur no quand elle ne penche pas plus du côté cn que du côté co.

Fig. 9. Deux droites sont parallèles lorsque, dans toute leur étendue, elles sont également distantes l'une de l'autre.

Il est évident que si l'une des deux ac, fait un quart de révolution sur elle-même, elle sera perpendiculaire à l'autre. Cette remarque trouve son application dans la figure 19.

Des angles.

Un angle est l'espace indéfini compris entre deux droites qui se coupent : ces droites sont les côtés de l'angle ; et le point où elles se coupent en est le sommet.

Fig. 10. L'angle droit est formé par une droite perpendiculaire à une autre.

Fig. 11. L'angle aigu est plus petit que l'angle droit.

Fig. 12. L'angle obtus est plus grand que l'angle droit.

Des triangles.

Un triangle est l'espace renfermé entre trois droites qui se coupent deux à deux.

Fig. 13. Le triangle rectangle a un angle droit ; le côté *ac*, opposé à l'angle droit *o*, se nomme hypoténuse.

Fig. 14. Le triangle obtusangle a un angle obtus.

Fig. 15. Le triangle acutangle a ses trois angles aigus.

Fig. 16. Le triangle équilatéral a ses trois côtés égaux.

Fig. 17. Le triangle isocèle a deux côtés égaux; la droite *as* menée du point *a* au milieu de *ao*, se nomme apothème.

Fig. 18. Le triangle scalène a ses trois côtés inégaux. Il est évident que deux triangles sont égaux quand ils ont les trois côtés égaux, ou bien quand ils ont un angle égal compris entre deux côtés égaux.

Fig 19. Deux triangles sont semblables quand ils ont les angles égaux ou bien quand leurs côtés sont parallèles. Ils sont encore semblables quand ils ont leurs côtés perpendiculaires; car si l'on fait faire un quart de révolution au triangle intérieur, les côtés du petit triangle seront perpendiculaires aux côtés homologues du grand triangle. La fig. 9 met à jour cette vérité.

Des quadrilatères.

Fig. 20. Un quadrilatère est l'espace renfermé entre quatre droites qui se coupent deux à deux. On appelle diagonales les droites *ae*, on qui unissent les sommets des angles opposés.

Fig. 21. Le carré a les côtés égaux ainsi que les angles.

Fig. 22. Le rectangle a les quatre angles égaux et les côtés opposés égaux.

Fig. 23. Le losange a les quatre côtés égaux ainsi que les angles opposés.

Fig. 24. Le parallélogramme a les côtés opposés égaux ainsi que les angles opposés.

Fig. 25. Le trapèze a seulement deux côtés opposés parallèles.

Des polygones.

Un polygone est l'espace renfermé entre plusieurs droites qui se coupent deux à deux.

Tout polygone a autant d'angles que de côtés. Les plus simples polygones sont le triangle et le quadrilatère; viennent ensuite ceux qui ont 5, 6, 7, etc., côtés. Le pentagone en a 5, l'hexagone 6, l'heptagone 7, l'octogone 8, l'ennéagone 9, le décagone 10, l'endécagone 11, le dodécagone 12, il n'y a plus de noms que pour le pentédécagone qui a 15 côtés, et pour l'icosagone qui en a 20.

Les polygones sont réguliers quand les côtés ainsi que les angles sont égaux.

De la circonférence.

Fig. 26. La circonférence, que l'on peut considérer comme un polygone d'un nombre infini de côtés, est une courbe plane dont tous les points sont également éloignés d'un point intérieur que l'on appelle centre.

Un rayon $c\,a$ est une droite qui unit le centre à un point de la circonférence. Il y a une infinité de rayons, tous sont égaux.

Un diamètre $n\,o$ est une droite qui passe par le centre, et qui a pour limites la circonférence.

Fig. 27. Un arc aon est une partie de la circonférence.

Une corde an est la droite qui joint les extrémités de l'arc.

Une tangente rs touche la circonférence en un point v.

La plus grande corde est le diamètre, la plus petite est la tangente. On appelle normale la perpendiculaire *cv* élevée sur une tangente par le point où celle ci touche la courbe.

Tout rayon prolongé est normal à la circonfé rence.

Un cercle est l'espace renfermé dans la circonférence.

Fig. 28. Un secteur est la partie *can* du cerc[le] comprise entre deux rayons.

Fig. 29. Un segment *anc* est la partie d[u] cercle comprise entre l'arc et la corde.

Le plus ordinairement, on divise la circonfé rence en 360 degrés, chaque degré en 60 minutes et chaque minute en 60 secondes. En conséquence, la demi-circonférence égale 180 degrés, et le quart de la circonférence vaut 90 degrés ; c'est la valeur, en degrés, de l'angle droit.

Mesure de longueur.

La mesure de longueur est le mètre, le déci mètre, le centimètre et le millimètre pour les petites dimensions ; le décamètre et l'hectomètre pour les moyennes grandeurs ; enfin le kilomètre et le myriamètre servent à mesurer les plus grandes.

Supposons qu'une droite a contienne 105 mètres, qu'une autre n en contienne 75, il est évident que l'on aura la proportion $a : n :: 105 : 75$.

Supposons encore que le diamètre d d'un cercle contienne 113 décimètres et que la circonférence c de ce cercle en contienne 355, on aura de même la proportion :

$$d : c :: 113 : 355.$$

D'où l'on conclut que les lignes sont entre elles comme leurs longueurs.

Mesure des surfaces.

Fig. 30. La surface d'un carré s'obtient en multipliant un de ses côtés par lui-même. En effet, soit $ac = 4$ mètres, on aura $4 \times 4 = 16$ mètres carrés. C'est le nombre de mètres carrés que l'on trouve dans la figure 30.

Fig. 31. La surface d'un rectangle s'obtient par le produit des deux côtés adjacents, ac, cn. En effet $ac = 3$ mètres, $cn = 5$ mètres, on aura donc $3 \times 5 = 15$ mètres carrés. C'est le nombre de mètres carrés que l'on trouve dans la figure 31.

Fig. 32. La surface du parallélogramme est donnée par le produit de sa base *ac* multipliée par sa hauteur *no*. Remarquez que la hauteur est la perpendiculaire abaissée de la base supérieure sur le prolongement de la base inférieure et qu'ayant même base et même hauteur que le rectangle, les deux surfaces sont égales.

Fig. 33. La surface d'un triangle est égale au produit de sa base *an* par la moitié de sa hauteur *no*. Il est évident que le rectangle *an os* a pour surface $an \times no$; donc le triangle *ano* qui n'est que la moitié du rectangle, a pour mesure $\frac{1}{2} an \times no$.

Fig. 34. De même le triangle *asn* a pour surface $\frac{1}{2} an \times so$. La hauteur de ce triangle est donnée par la perpendiculaire *so* abaissée du sommet opposé à la base, sur le prolongement de cette base.

Fig. 35. La surface d'un losange est donnée par la moitié du produit des deux diagonales *an, so*. En effet, le triangle *aon* a pour mesure $\frac{1}{2} an \times co$, et le triangle *asn* a pour mesure $\frac{1}{2}$

$an \times cs$; on a donc en réunissant : $\frac{1}{2} an \times$
$(co + cs) = \frac{1}{2} an \times os$.

Fig. 36. La surface d'un trapèze est donnée
par sa hauteur xc multipliée par la demi-somme
des côtés parallèles vx, an; elle est aussi donnée
par le produit de sa hauteur xc multipliée par la
droite sr qui joint les milieux des deux côtés
non parallèles.

Fig. 37. Pour avoir la surface d'un polygone
quelconque, on le décompose en autant de triangles qu'il y a de côtés moins deux; la surface de
ces triangles étant obtenue, on a évidemment
celle du polygone.

La surface d'un cercle est égale au produit
de sa circonférence par la moitié de son rayon.
En effet, si l'on divise la circonférence en une
infinité de parties, chacune étant considérée
comme la base d'un triangle dont la hauteur est
le rayon du cercle, on aura de suite la surface
totale du cercle en multipliant la somme de toutes
les bases, ou la circonférence elle-même, par la
moitié du rayon.

On trouve la surface d'un secteur en multipliant l'arc par la moitié du rayon.

En multipliant à l'infini le nombre des côtés des polygones inscrits et circonscrits au cercle, on conçoit que ces deux polygones finiraient par se confondre avec la circonférence du cercle; c'est ainsi qu'une circonférence inscrite et circonscrite dans les polygones de 3, 6, 12, 24, 48 et 96 côtés, ont donné pour le rapport du diamètre à la circonférence 1 : 3, 1416.

En prenant des polygones de 4, 8, 16 jusqu'aux polygones de 2048 côtés, on trouve 1 : 3, 14159. Le rapport donné par Archimède est de 7 : 22 = 1 : 3,142857..... celui de Métius est de 113 : 355 = 1 : 3,1415929..... Ce rapport est facile à retenir puisqu'il est composé des trois premiers nombres impairs répétés 2 fois. Legny a trouvé le rapport 1 : 3,14159265... suivi de 120 décimales. D'après cela on peut prendre 3,14159265, ou 3,141593, ou 3,1416, ou enfin 3,14, suivant le plus ou le moins d'exactitude dont on a besoin.

En opérant juste, si vous tracez une circonférence avec un rayon égal à la moitié de 113 millimètres, vous trouverez que la circonférence, mesurée avec une ouverture de compas de 5 millimètres, contient 71 de ces divisions, par conséquent 355 millimètres.

Les circonférences étant des figures semblables, si l'on désigne 3,141593 par le signe π, que l'on prononce pi, on aura la proportion $1 : \pi$ comme un diamètre, ou le double du rayon est à sa circonférence ; désignant par R le rayon et par C la circonférence, on aura donc la proportion :

$$1 : \pi :: 2R : C.$$

D'où l'on tire $R = C : 2\pi$ et $C = 2\pi R$

Mais nous avons vu que la circonférence multipliée par la moitié de son rayon donne la surface du cercle, donc la surface du cercle a pour formule :

$$S = 2\pi R \times \tfrac{1}{2}R = \pi R^2.$$

Fig. 38. Pour mesurer une surface dont les contours sont irréguliers, on la divise en un certain nombre de figures connues, ce qui est toujours possible, et la somme des surfaces particulières donne la surface cherchée.

Deux plans sont parallèles quand ils sont également distants dans toute leur étendue; il s'ensuit que les droites parallèles, comprises entre deux plans parallèles, sont égales.

Fig 39. Dans un polygone régulier, le rayon *c a* du cercle inscrit est l'apothême du triangle qui a son sommet au centre du cercle et pour côté celui *n o* du polygone.

Dans une pyramide régulière, l'apothême est la droite menée du sommet de la pyramide au milieu d'un des côtés de la base.

Dans un cône droit à base circulaire, l'apothême est la droite menée du sommet à la base.

Surface des volumes.

Fig. 40. Le cube est un solide dont les six faces sont égales et carrées, donc 6 fois la surface d'un carré égalent la surface totale du cube.

Nous avons donné le moyen de mesurer la surface d'un cube et d'un polygone quelconques, qui sont les bases des solides dont nous allons nous occuper; en conséquence, nous ne parlerons que des surfaces latérales des volumes.

Fig. 41. La surface latérale d'un prisme est égale à son contour multiplié par sa hauteur;

car un prisme développé a la figure d'un rectangle.

Fig. 42. La pyramide est un solide formé par des triangles qui se réunissent en un point s appelé sommet, et dont la base est un polygone.

La surface d'une pyramide régulière est égale au périmètre de sa base multiplié par la moitié de l'apothème *sa* d'un de ses triangles. Si la pyramide était irrégulière, il faudrait mesurer séparément chacune de ses faces.

Fig. 43. Le cylindre droit à base circulaire est formé par un rectangle *anoc* qui tourne sur un des côtés fixes *co*.

La surface courbe d'un cylindre est égale à la circonférence de sa base multipliée par sa hauteur; car un cylindre droit développé a la figure d'un rectangle.

Fig. 44. Le cône droit à base circulaire est formé par la révolution d'un triangle rectangle *aos*, qui tourne sur l'un des côtés fixes *sc* de l'angle droit.

La surface d'un cône droit est égale au produit de la circonférence de sa base par la moitié de son apothème *as*, qui est l'hypoténuse du triangle rectangle; car un cône développé a la figure d'un secteur.

Fig. 45. Un cône tronqué est celui dont la partie voisine du sommet est enlevée.

La surface d'un tronc de cône droit est égale à l'apothème *oa*, multiplié par la section *vx*, également éloignée des deux bases; car on peut décomposer cette surface en trapèzes infiniment petits.

Fig. 46. Une pyramide tronquée est celle dont la partie voisine du sommet est suppri-. mée.

La surface d'un tronc de pyramide régulière à bases parallèles est égale à l'apothème *ao* multiplié par le périmètre de la section *vsx*, également éloignée des deux bases parallèles; car chaque face est un trapèze.

Fig. 47. La sphère est un solide formé par une demi-circonférence qui tourne autour de son diamètre *an*.

La surface de la sphère est égale au produit de son diamètre par sa circonférence. Cette vérité a besoin d'être démontrée.

Soit *sro* un arc infiniment petit de la circonférence du rayon *ca*; par le milieu *r* de l'arc et par ses extrémités *s,o*, menons des perpendiculaires au diamètre *an*; menons ensuite *sm* perpendiculaire à *oz*, et tirons le rayon *rc* qui sera perpendiculaire à la corde *so*. Cela posé, les triangles *rzc, smo* sont semblables, parce qu'ils ont leurs côtés perpendiculaires l'un à l'autre, on a donc la proportion :

rc : *rx* ∷ *so* : *sm*, ou puisque *sm* = *vz*, *rc* : *rx* ∷ *so* : *vz*, ce qui donne, en faisant le produit des extrêmes égal à celui des moyens, et mettant les circonférences au lieu des rayons, *so* × cir. *rx* = *rx* × cir. *rc*.

Mais *so* . cir. *rx* exprime la surface du tronc de cône *sohd*, dont *vx* × cir. *rc* exprime la même surface; et comme en prenant tout autre arc que *sro*, on démontrerait la même chose, on en conclut que la somme des petits troncs de cône, ou que la surface de la sphère est égale à la circonférence du rayon *sr*, c'est-à dire d'un de ses grands cercles, multiplié par le diamètre.

Nous avons vu que la circonférence est égale à 2π R, donc la surface de la sphère est égale à 2π R, multiplié par le diamètre ou par 2 R; donc la surface de la sphère est égale à 2π R $\times$ 2 R $= 4 \pi$ R^2.

Fig. 48. Les surfaces semblables sont entre elles comme les carrés des côtés homologues. Ces trois carrés ont les côtés dans le rapport de 3, 4, 5. On aura donc, en désignant leurs surfaces par *a, b, c,* la proportion $a : b : c :: 3^2 : 4^2 : 5^2 :: 9 : 16 : 25$, ce qui est évident.

On peut remarquer que le carré *c* fait sur l'hypoténuse est égal aux carrés faits sur les deux autres côtés; en effet $9 + 16 = 25$, qui est le carré de 5.

Des volumes.

Fig. 49. Le volume d'un cube est, comme on le voit dans cette figure, égal à l'une de ses arêtes élevée à la troisième puissance.

Le volume d'un prisme est égal à la surface de sa base, multipliée par sa hauteur; on le prouverait en le partageant en tranches, comme précédemment.

Le volume d'un coin, qui n'est que la moitié d'un prisme, est égal au produit de sa base par la moitié de sa hauteur. Plus tard on aura besoin de ce volume.

Le volume d'un cylindre est égal au produit de sa base par sa hauteur; car on peut regarder un cylindre comme une infinité de prismes réunis.

Fig 50. Le volume d'une pyramide est égal au produit de sa base par le tiers de sa hauteur. Cette vérité a besoin encore d'être démontrée.

Les deux pyramides, *acrs*, *osnv* sont équivalentes, parce qu'elles ont des bases égales *acv*, *osn*, et même hauteur, puisque les arêtes *oa*, *sc*, *nv*, sont des parallèles interceptées entre les plans parallèles des bases; pareillement, les deux pyramides *onrs*, *avos* sont équivalentes, parce que leurs bases *onv*, *avo* sont sur un même plan, et que leurs sommets sont au point *s*; ces trois pyramides étant égales deux à deux, sont toutes trois égales; donc le volume de la pyramide est le tiers de celui du prisme qui a même hauteur.

Le volume d'un cône est donné par le produit de sa base, multipliée par le tiers de sa hauteur. Cette vérité découle de ce qui précède.

Le volume d'un tronc de pyramide est équivalent à trois pyramides entières qui auraient pour hauteur commune celle du tronc, et dont l'une aurait pour base la base inférieure du tronc, l'autre sa base supérieure, et la troisième une moyenne proportionnelle entre ces deux bases. En désignant par B la base inférieure, par b la base supérieure, et par H la hauteur commune, on aura pour la formule du tronc de pyramide $(B + b + \sqrt{B b}) \times \frac{1}{3} H$.

Nous rendrons cette vérité sensible dans l'application des formules.

Le volume d'un tronc de cône est équivalent à trois cônes entiers qui auraient même hauteur que le tronc, et dont l'un aurait pour base la base inférieure du tronc, l'autre sa base supérieure, et le troisième cône une moyenne proportionnelle entre ces deux bases. Désignant par R et r le grand et le petit rayon des deux bases du tronc de cône, on aura pour la formule $(\pi R^2 + \pi r^2 + \pi R r) \frac{1}{3} H$.

Nous rendrons un peu plus loin cette vérité sensible.

Le volume de la sphère est égal au produit de sa surface par le tiers de son rayon. En effet, si l'on suppose la surface de la sphère divisée en triangles infiniment petits et que leurs surfaces soient les bases d'autant de pyramides ayant pour sommet commun le centre de la sphère, le volume de toutes ces pyramides sera égal à la surface de la sphère multipliée par le tiers de son rayon. Mais comme la surface de la sphère est égale à $4\,\pi\,R^2$, cette valeur multipliée par le tiers du rayon donne $4\,\pi\,R \times \frac{1}{3}\,R = \frac{4}{3}\,\pi\,R^3$ pour la formule du volume de la sphère.

Les seuls corps dont la surface soit composée de polygones réguliers sont au nombre de cinq :

1° Le tétraèdre, qui a quatre triangles équilatéraux et égaux ;

2° L'octaèdre, qui a huit triangles équilatéraux et égaux ;

3° L'icosaèdre, qui a vingt triangles équilatéraux et égaux ;

4° L'hexaèdre ou le cube, qui a six carrés égaux ;

5° Le dodécaèdre, qui a douze pentagones équilatéraux et égaux.

D'après ce que nous avons dit, il sera facile de les représenter avec un carton découpé, et de mesurer leurs surfaces et leurs volumes.

Les angles de ces cinq corps touchent la sphère circonscrite, et leurs faces sont tangentes à la sphère inscrite.

Fig. 51, 52, 53. Nous avons vu que les lignes sont entre elles comme leurs longueurs ; les surfaces semblables, comme les carrés des côtés homologues ; on voit, par cette figure, que les volumes semblables sont entre eux comme les cubes de leurs côtés homologues.

TABLEAU DES FORMULES.

Signes abréviatifs.

A signifie apothème ;

B — base ou surface de la base ;

b signifie petite base quand il y en a deux ;

C —   circonférence ;

D —   diagonale ;

d —   petite diagonale, quand il y en a deux;

h —   hauteur ;

P —   périmètre ;

p —   petit périmètre, quand il y en a deux ;

R —   rayon ;

r —   petit rayon, quand il y en a deux ;

S —   surface ;

V —   volume ;

π —   3,14169265.....

Il est nécessaire de remettre sous les yeux cette proportion :

$$1 : \pi :: 2\,R : C$$

qui donne pour la valeur du rayon $R = C : 2\,\pi$.

Et pour la valeur de la circonférence $C = 2\,\pi\,R$.

Formules des surfaces planes.

Rectangle	$S = B \times H = BH.$
Triangle	$S = \frac{1}{2} B \times H = \frac{1}{2} BH.$
Losange	$S = \frac{1}{2} D \times d = \frac{1}{2} Dd.$

Trapèze	$S = \frac{1}{2}(B + b) \times H.$
Polygone régulier	$S = \frac{1}{2}P \times A = \frac{1}{2}PA.$
Cercle	$S = 2\pi R \times \frac{1}{2}R = \pi R^2$
Secteur	$S = \text{arc} \times \frac{1}{2}R.$

Formules des surfaces latérales des volumes.

Prisme	$S = P \times H = PH.$
Pyramide	$S = \frac{1}{2}P \times A = \frac{1}{2}PA.$
Cylindre	$S = 2\pi R \times H = 2\pi RH.$

Si $H = 2R$ on a $S = 4\pi R^2$

Tronc de pyramide	$S = \frac{1}{2} \times (P + p) \times A.$
Cône	$S = 2\pi R \times \frac{1}{2}A = \pi RA.$
Tronc de cône	$S = \frac{1}{2}(2\pi R + 2\pi r) \times A.$
Surface de la sphère	$S = 2\pi R \times 2R = 4\pi R^2.$

On voit que la surface latérale d'un cylindre droit, à base circulaire, est égale à celle de la sphère dont le diamètre a la hauteur du cylindre et que les deux surfaces égalent 4 grands cercles.

Formules des volumes.

Ici, B exprime la surface de la base.

Prisme	$V = B \times H = BH.$
Cylindre	$V = \pi R^2 \times H = \pi HR^2.$
Pyramide	$V = \frac{1}{3}B \times H = \frac{1}{3}BH.$

Cône $\qquad V = \pi R^2 \times \frac{1}{3} H = \pi \frac{1}{3} HR^2.$

Tronc de pyramide $V = (B + b \sqrt{Bb}) \times \frac{1}{3} H.$

Tronc de cône $V = \pi R + \pi r^2 + \pi Rr) \frac{1}{3} H.$

Volume de la sphère $V = 4 \pi R^2 \times \frac{1}{3} R = \frac{4}{3} \pi R^3.$

Application de ces formules pour les surfaces planes.

Quelle est la surface d'un rectangle qui a 8 mètres de longueur sur 5 de largeur ?

La formule $S = BH$ donne $8 \times 5 = 40$ mètres carrés.

Quelle est la surface d'un triangle qui a 8 mètres de base sur 5 de hauteur ?

La formule $S = \frac{1}{2} BH$ donne $\frac{1}{2} 8 \times 5 = 20$ mètres carrés.

Quelle est la surface d'un losange dont les diagonales sont 8 et 5 mètres ?

La formule $S = \frac{1}{2} Dd$ donne $\frac{1}{2} 8 \times 5 = 20$ mètres carrés.

Quelle est la surface d'un trapèze qui a pour hauteur 5 mètres, et pour côtés parallèles 8 et 3 mètres ?

La formule $S = \frac{1}{2} (B + b) \times H$ donne $\frac{1}{2} (8 + 3) \times 5 = $ en mètres carrés 27,5.

Quelle est la surface d'un pentagone régulier dont le côté a 76 mètres et l'apothème $52^m,3$?

La formule $S = \frac{1}{2}$ PA donne $76 \times 5 \times \frac{1}{2}$ $52,3 = 9937$ mètres carrés.

Quelle est la surface d'un cube dont le rayon est 5 mètres ?

La formule $S = \pi R^2$ donne $3,141593 \times 25 =$ en mètres carrés $78,539825$.

Quelle est la surface d'un secteur qui a pour rayon 5 mètres et pour arc 2 mètres ?

La formule $S = $ arc $\times \frac{1}{2} R$ donne $2 \times \frac{1}{2} =$ 5 mètres carrés.

Application des formules pour les surfaces des volumes.

Quelle est la surface latérale d'un prisme dont le périmètre est de 20 mètres et la hauteur de 4 mètres ?

La formule $S = $ PH donne $20 \times 4 = 80$ mètres carrés.

Quelle est la surface latérale d'une pyramide dont le périmètre de la base est de 12 mètres et l'apothème de 9 mètres ?

La formule $S = \frac{1}{2}$ PA donne $\frac{1}{2} 12 \times 9 =$ 54 mètres carrés.

Quelle est la surface latérale d'un cylindre droit à base circulaire, dont la hauteur est de 15 mètres et le rayon de 4 mètres ?

La formule $S = 2 \pi RH$ donne $2 \times 3,141593 \times 4 \times 15 =$ en mètres carrés 376,991160.

Quelle est la surface latérale d'un cône droit à base circulaire, dont le rayon de la base est de 6 mètres et l'apothème de 8 mètres ?

La formule $S = \pi RA$ donne $3,141593 \times 6 \times 8 =$ en mètres carrés 150,996404.

Quelle est la surface latérale d'un tronc de pyramide régulier qui a pour périmètre de sa base inférieure 152 mètres, 73 pour sa base supérieure et 55 mètres pour apothème ?

La formule $S = \frac{1}{2} (P + p) \times A$ donne $\frac{1}{2} (152 + 73) \times 55 = 6187, 5$ mètres carrés.

Quelle est la surface latérale d'un tronc de cône droit à base circulaire, qui a pour rayon 5 mètres à la base inférieure, 3 mètres à la base supérieure et 4 mètres de côté ?

La formule $S = \frac{1}{2} (2 \pi R + 2 \pi r) \times A$ donne $\frac{1}{2} (2 \times 3,141593 \times 5 + 2 \times 3,141593 \times 3) \times 4 = 100,530976$ en mètres carrés.

Quelle est la surface de la sphère qui a 5 mètres de rayon ?

La formule $S = 4\pi R^2$ donne $4 \times 3{,}141593 \times 25 = 314{,}1593$ en mètres carrés.

Application des formules pour les volumes.

Quel est le volume d'un prisme, à base quadrangulaire, dont le côté est de 4 mètres et la hauteur de 6 mètres ?

La formule $V = BH$ donne $V = 4 \times 4 \times 6 = 96$ mètres cubes.

Quel est le volume d'un cylindre droit à base circulaire dont le rayon est de 3 mètres et la hauteur de 8 mètres ?

La formule $V = \pi H R^2$ donne $3{,}141593 \times 8 \times 9 =$ en mètres cubes $226{,}194696$.

Quel est le volume d'une pyramide régulière, à base quadrangulaire, dont la base est de 16 mètres carrés et la hauteur de 6 mètres ?

La formule $V = \frac{1}{3} BH$ donne $\frac{1}{3} \, 16 \times 6 = 32$ mètres cubes.

Quel est le volume d'un cône droit à base circulaire, dont le rayon de la base est de 3 mètre et la hauteur de 8 mètres ?

La formule $V = \frac{1}{3} \pi H R^2$ donne $\frac{1}{3} \times 3{,}141593 \times 8 \times 9 =$ en mètres cubes $75{,}398232$.

Quel est le volume d'un tronc de pyramide régulière, à base quadrangulaire, dont la base inférieure est de 16 mètres carrés, la base supérieure de 4 mètres carrés et la hauteur de 3 mètres ?

La formule $V = (B + b + \sqrt{B b}) \times \frac{1}{3} H$ donne $(16 + 4 + \sqrt{16 \times 4}) \times \frac{1}{3} 3 = 28$ mètres cubes.

Ce tronc de pyramide vient de la pyramide entière que nous avons mesurée précédemment ; or, comme elle a été coupée au milieu de sa hauteur, il s'ensuit que la partie enlevée est une pyramide quadrangulaire, dont la base est de 4 mètres carrés et la hauteur de 3 mètres ; son volume est donc de 4 mètres cubes, qui, ajoutés aux 28 mètres cubes du tronc, donnent 32 mètres cubes. C'est la valeur de la pyramide ci-dessus, ce qui vérifie la formule.

Quel est le volume d'un tronc de cône droit à base circulaire, dont le rayon de la base inférieure est de 3 mètres, celui de la base supérieure de $1^m{,}5$ et la hauteur de 4 mètres ?

La formule $V = (\pi R^2 + \pi r^2 + \pi R r) \times \frac{1}{3} H$ donne $(3,15193 \times 9 + 3,141593 \times 2,25 + 3,141593 \times 3 \times 1,5) \times \frac{1}{3} 4 =$ en mètres cubes $65,073453$.

Ce tronc de cône vient du cône précédent coupé au milieu de sa hauteur; en conséquence, la partie enlevée est un cône dont le rayon de la base est de $1^m,5$ et la hauteur de 4 mètres; son volume qui, en mètres cubes, est de $9,424779$, étant ajouté à 65.073453, donne en mètres cubes $75,398232$. C'est le volume du cône précédent, ce qui vérifie la formule.

Dans la pratique, on obtient le volume d'un tronc d'arbre, en multipliant sa hauteur par la moyenne surface entre les deux bases : c'est alors un cylindre à mesurer. Soit, par exemple, un tronc d'arbre de 8 mètres de longueur, qui aurait pour rayon de ses deux bases 4 et 2 décimètres; la moyenne entre ces deux rayons est de 3 décimètres; on aura donc, d'après la formule du cylindre :

$V = \pi H R^2$; et mettant la valeur $V = 3,141593 \times 8 \times 9$, ce qui donne en décimètres cubes $226,194696$. Ce même tronc d'arbre cal-

culé rigoureusement donne, en mettant les valeurs dans la formule $V = (\pi R^2 + \pi r^2 + \pi Rr)$
$\times \frac{1}{3} H$, le nombre de décimètres cubes
$23\frac{1}{4},672277$, ce qui fait une différence de 8 décimètres cubes, $\frac{1}{8}$ à peu près.

Quel est le volume d'une sphère dont le rayon
est de 3 mètres ?

La formule $V = \frac{4}{3} \pi R^3$ donne $\frac{4}{3} \times 3,141593$
$\times 27 =$ en mètres cubes $113,097348$.

Pour obtenir un volume quelconque, on le
décompose, autant que possible, en solides dont
les dimensions peuvent être mesurées, et la
réunion de tous ces solides donne le volume
cherché.

Pour application, nous donnons la mesure d'un
tonneau et celle d'un fossé.

Pour avoir le volume d'un tonneau, il faut
diviser sa hauteur en 5 ou 7 ou 9 parties égales,
afin d'avoir en son milieu une partie cylindrique
(les deux extrémités et l'épaisseur des fonds
doivent évidemment être négligées), regardant
ensuite le milieu de chaque division comme la
base d'un cylindre dont la hauteur sera le 5e ou
le 7e ou le 9e de la hauteur de l'intérieur du

tonneau, il sera facile, en retirant l'épaisseur du bois, d'avoir le volume de chaque section, et par conséquent celui du tonneau.

Fig. 54. Quel est le volume de la terre qu'il a fallu enlever pour creuser un fossé de 4, 8 décimètres de profondeur, dont le rectangle, au niveau du sol, a 25 décimètres de longueur sur 15 décimètres de largeur, et dont le rectangle au fond du fossé n'a que 15 décimètres sur 5 ?

1° Le prisme *acno*, d'après les données, a pour base un trapèze dont les côtés parallèles ont 15 et 5 décimètres, et qui a pour hauteur 4, 8 décimètres; on a donc pour la surface de la base du trapèze $\frac{1}{2}$ (15 + 5) × 4,8 = 48 décimètres carrés; la hauteur du prisme étant de 15 décimètres, il s'ensuit que son volume est égal à 48 × 15 = 720^{déc}.

2° Aux quatre angles du fossé, il y a une pyramide quadrangulaire qui a pour hauteur 4,8 décimètres, et pour côtés du carré 5 décimètres; ce qui donne pour une pyramide $\frac{1}{3}$ × 4 × 5 × 4, 8 = 40 décimètres cubes, et pour le volume des quatre, 40 × 4 = 160^{déc},

3° Enfin, le prisme en forme de coin, *mnxv*, et son correspondant *rszk* forment ensemble un prisme quadrangulaire, qui a pour hauteur 4,8 décimètres et pour côtés du carré 5 décimètres ; on a donc pour ces deux prismes $4,8 \times 5 \times 5 =$ 120^{déc}.

Ce qui donne en tout 1^m cube.

Fig. 55. Supposons ce fossé rempli de plâtre liquide et, qu'après avoir pris de la consistance, on puisse renverser toute cette masse sens dessus dessous, on aura alors la forme et les dimensions que l'on donne aux tas de pierres qui se trouvent sur les routes.

Pour mesurer un fossé, on se contente de supprimer une des extrémités et de la supposer placée dans le vide qui se trouve de l'autre côté ; de cette manière, il ne reste plus qu'à mesurer le prisme *bino*, ce qui donne 960 décimètres cubes. Il y aurait ici la différence d'une petite pyramide qui, comme nous l'avons vu, contient 40 décimètres cubes. Il est évident que, pour un fossé d'une grande longueur, il faut employer ce dernier moyen ; car alors la différence serait à peu près nulle.

Le volume d'un corps irrégulier que l'on no peut mesurer, s'obtient en le plongeant dans un vase rempli d'eau jusqu'au bord ; et l'eau déplacée étant mesurée au moyen du litre, en donne le volume.

Mesures de capacité.

La mesure de capacité, pour les grains et les liquides, est le litre, qui vaut 1 décimètre cube ; ses multiples et sous-multiples sont exprimés, en millimètres cubes, ainsi qu'il suit :

Kilolitre	= 1 billion	= 1 mètre cube.
Demi-kilolitre	= 500 millions	= 0,5
Double-hectolitre	= 200	= 0,2
Hectolitre	= 100	= 0,1
Demi-hectolitre	= 50	= 0,05
Double-décalitre	= 20	= 0,02
Décalitre	= 10	= 0,01
Demi-décalitre	= 5	= 0,005
Double-litre	= 2	= 0,002
Litre	= 1	= 0,001 = 1 déc. c.

Demi litre	= 500 mille	= 0,0005	= 0,5
Double-décilitre	= 200	= 0,0002	= 0,2
Décilitre	= 100	= 0,0001	= 0,1
Demi-décilitre	= 50	= 0,00005	= 0,05
Double centilitre	= 20	= 0,00002	= 0,02
Centilitre	, 10	= 0,00001	0,01
Demi centilitre	= 5	= 0,000005	= 0,005
Double-millilitre	= 2	= 0,000002	= 0,002
Millilitre	= 1 mille	= 0,000001	= 0,001 =

$$1 \text{ centimètre cube.}$$

Au moyen de cette table, on peut vérifier
toutes les mesures dont on se sert en France ;
car pour les matières sèches, la hauteur est
égale au diamètre de la base; et pour les liquides, la hauteur est le double du diamètre de la
base : or comme ces mesures sont cylindriques,
et que la formule du cylindre est $V = \pi H R^2$,
on aura, pour le cas où le diamètre est égal à la
hauteur, $H = 2 R$, et alors la formule du cylindre se changera en celle-ci $V = \pi R^2 \times 2 R$
$= 2 \pi R^3$; et pour le cas où la hauteur est
double du diamètre, on aura $V = \pi R^2 \times 4 R$
$= 4 \pi R^3$.

Cela posé, quelles sont les dimensions que

doit avoir un cylindre droit à base circulaire, pour contenir 1 litre, le diamètre du cylindre étant égal à sa hauteur ?

La formule $V = 2 \pi R^3$ donne, d'après la valeur du litre, $1000000 = 2 \pi R^3$, d'où l'on tire $R^3 = 1000000 : 2 \pi$; et $R =$ en millimètres 54,2; en conséquence le diamètre et la hauteur est de $54,2 \times 2 =$ en millimètres 108,4.

Quelles sont les dimensions que doit avoir un cylindre droit à base circulaire pour contenir 1 litre, la hauteur étant le double du diamètre ?

La formule $V = 4 \pi R^3$ donne, d'après la valeur du litre, $1000000 = 4 \pi R^3$ d'où l'on tire $R^3 = 1000000 : 4 \pi$, et par suite $R = 43$ millimètres; en conséquence le diamètre est de $43 \times 2 = 86$ millimètres et sa hauteur de $43 \times 4 = 172$ millimètres.

Quel doit être le rayon d'un bassin circulaire de 3 mètres de profondeur, pour qu'il puisse contenir 200 mille mètres cubes d'eau ?

La formule du cylindre est $V = \pi H R^2$. Puisque $H = 3$ mètres et que $V = 200$ mille, on aura, en mettant les valeurs $200000 =$

$3 \pi R^3$; d'où l'on tire $R = 200000 : 3 \pi$. Et par suite $R = 145^m,673$.

D'après ces explications, il sera très-facile de trouver les résultats donnés dans les deux tables qui terminent tout ce que nous avions à dire.

Dimensions des mesures de capacité en millimètres.

Pour la hauteur égale à la base, la formule est $V = 2 \pi R^3$.

Kilolitre	=	1083,9
Double-hectolitre	=	633,8
Hectolitre	=	503,1
Demi-hectolitre	=	399,3
Double-décalitre	=	294,2
Décalitre	=	233,5
Demi-décalitre	=	185,3
Double-litre	=	136,6
Litre	=	108,4
Demi-litre	=	86,0
Double-décilitre	=	63,4
Décilitre	=	50,3
Demi-décilitre	=	39,0

Pour les matières sèches, les mesures sont en bois; les six dernières servent aussi à mesurer le lait, elles sont en fer blanc.

Pour la hauteur double de la base, la formule est $V = 4 \pi R^3$

Décalitre	= 370,6	185,3
Demi-décalitre	= 294,2	147,1
Double-litre	= 216,8	108,4
Litre	= 172,0	86,0
Demi-litre	= 136,6	68,3
Double-décilitre	= 100,6	50,3
Décilitre	= 79,0	39,9
Demi-décilitre	= 63,4	31,7
Double-centilitre	= 46,7	23,4
Centilitre	= 37,0	18,5
Demi-centilitre	= 29,4	14,7
Double-millilitre	= 21,7	10,8
Millilitre	= 1,72	8,6

Pour les liquides, les mesures sont en étain; les trois dernières mesures ne sont point en usage.

TABLE DES MATIÈRES.

PREMIÈRE PARTIE.

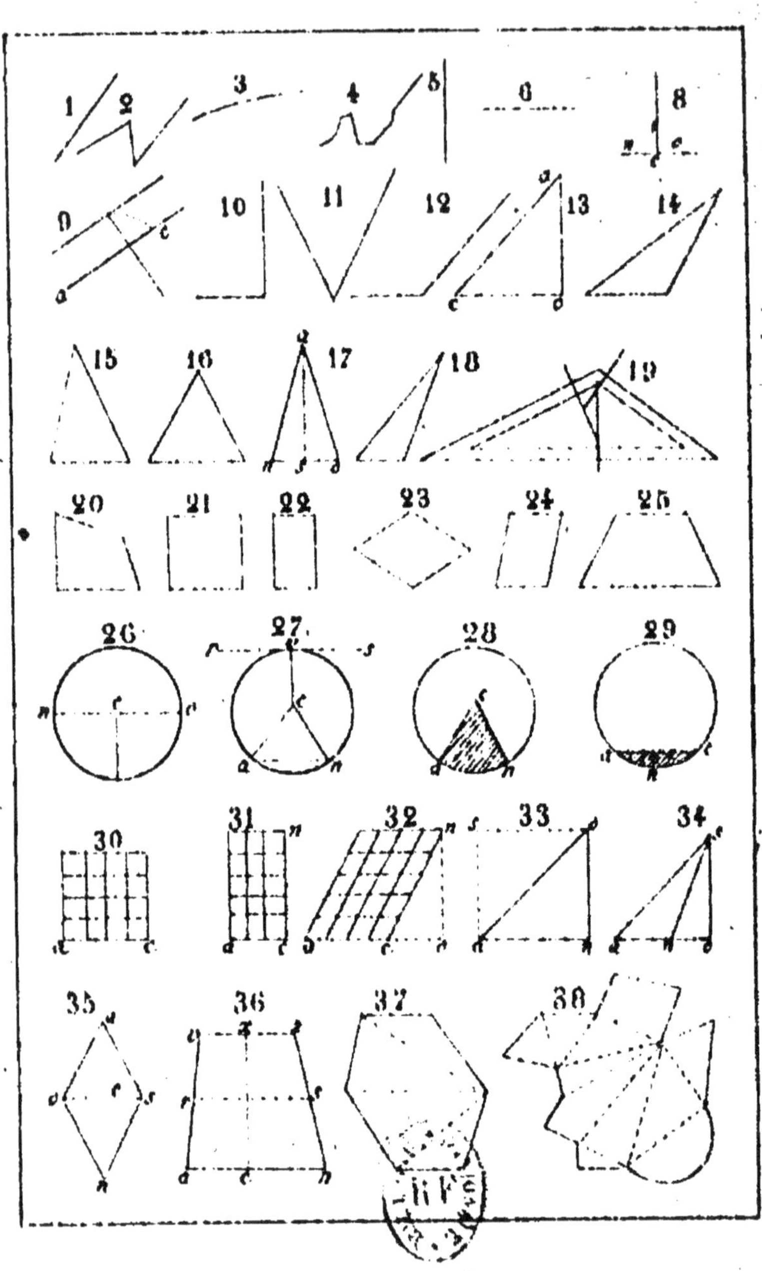

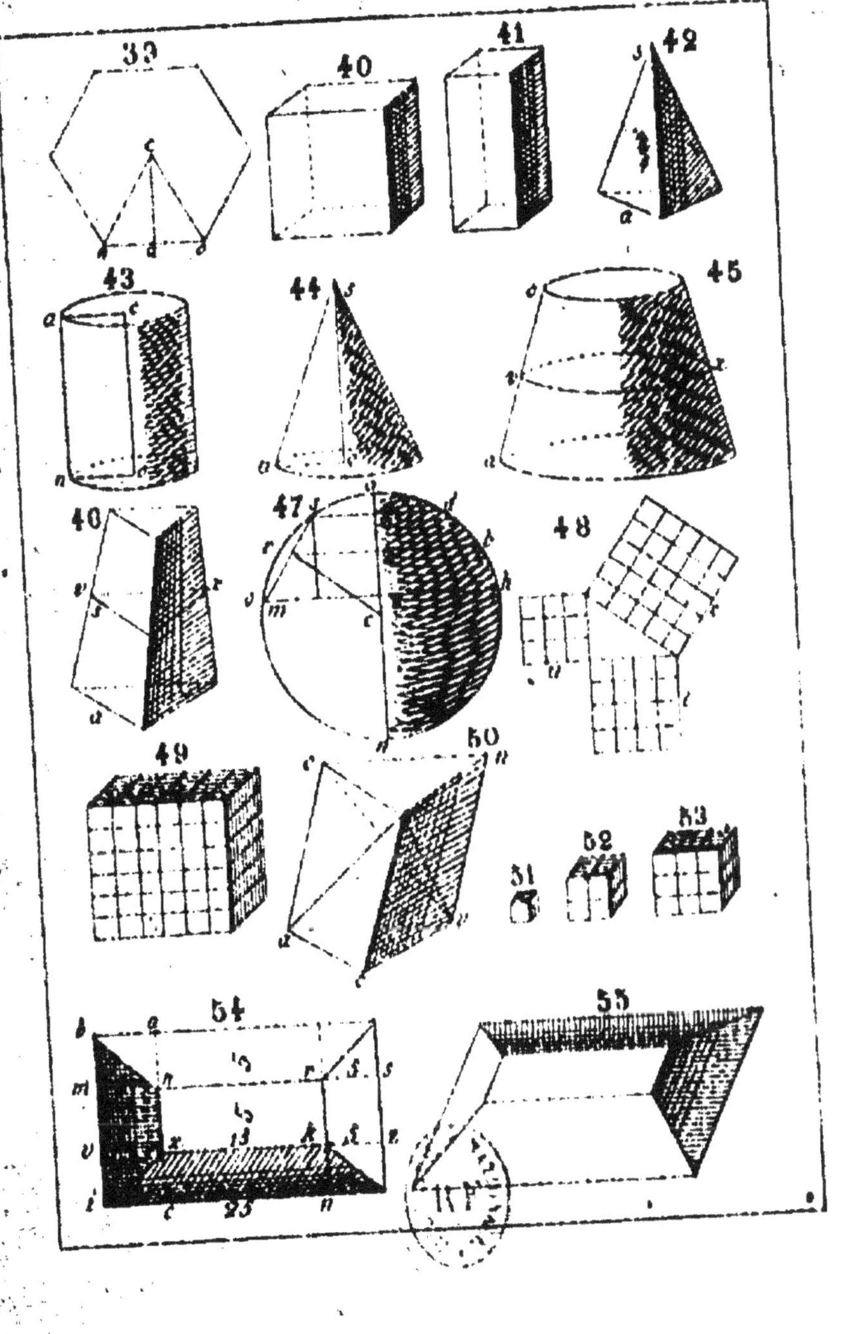